SÄCHSISCHE AKADEMIE DER WISSENSCHAFTEN
ZU LEIPZIG

VERFASSER- UND SACHREGISTER 1896—1945 DER ABHANDLUNGEN UND BERICHTE

MATHEMATISCH-PHYSISCHE KLASSE

(Seit 1942 mathematisch-naturwissenschaftliche Klasse)

AKADEMIE-VERLAG · BERLIN
1961

Bearbeitet von Dr. Maria Schwarzburger, Leipzig

Erschienen im Akademie-Verlag GmbH, Berlin W 8, Leipziger Straße 3—4

Lizenznummer: 202 · 100/733/61
Gesamtherstellung: Druckhaus „Maxim Gorki", Altenburg
Printed in Germany
Bestellnummer: 5456 · ES 18 A · Preis: DM 7,80

INHALTSVERZEICHNIS

ZUR EINFÜHRUNG

Als im Jahre 1896 die Königlich Sächsische Gesellschaft der Wissenschaften zu Leipzig ihr 50jähriges Jubiläum feiern konnte, wurde das Register über die seit 1846 erschienenen Abhandlungen und Berichte der Verhandlungen der Gesellschaft herausgegeben.

Die erste Hälfte des 20. Jahrhunderts brachte viele tiefgreifende politische Ereignisse, die auch die Entwicklung der Sächsischen Gesellschaft der Wissenschaften, der späteren Sächsischen Akademie der Wissenschaften zu Leipzig, beeinflußten. So ist es verständlich, daß erst jetzt das Register für die Abhandlungen und Berichte über die Verhandlungen der Akademie aus den Jahren 1896 bis 1945 erscheint.

Die Zusammenstellung ist in ein Verfasser- und ein Sachregister gegliedert. Das Verfasserregister enthält die Arbeiten der Autoren in chronologischer Reihenfolge mit den Originaltiteln; bis 1901 tritt demnach die vor der Rechtschreibungsreform übliche alte Schreibweise auf. Dem Namen derjenigen Verfasser, die Mitglieder der Akademie waren bzw. sind, wurde eine kurze Angabe über den Beginn der Zugehörigkeit zur Akademie beigefügt und u. U. das Todesdatum. Bei den ao. Mitgliedern erlosch die Zugehörigkeit zur Akademie mit dem Weggang von Leipzig. Auf weitere Angaben persönlicher Natur konnte verzichtet werden; sie sind in den seit 1954 erscheinenden Jahrbüchern der Sächsischen Akademie der Wissenschaften zu Leipzig und in Poggendorffs Biographisch-literarischem Handwörterbuch Band III bis Band VIIa zu finden.

Bei einigen Veröffentlichungen erscheinen zwei (bzw. mehr) Verfasser; sie wurden daher zwei- bzw. mehrfach zitiert. Die Angabe Ber. **71** ('19) 227—239 bedeutet, daß die Arbeit in den Berichten über die Verhandlungen im Band 71 aus dem Jahr 1919 auf den Seiten 227 bis 239 zu finden ist. Die Bände **50** ('98) und **51** ('99) der Berichte waren in einen mathematischen und einen naturwissenschaftlichen Teil mit getrennter Paginierung gegliedert. Zur Kennzeichnung wurde im Register ein M resp. N hinzugefügt.

Bei der Aufstellung des Sachregisters wurde ein möglichst knapper Hinweis auf den Inhalt der Abhandlungen und Berichte angestrebt; jedoch erschien es im Interesse der Benutzer wünschenswert, manche Veröffentlichungen unter mehreren Stichworten zu zitieren. Die Verfasser konnten im allgemeinen ohne Vornamen genannt werden, nur dort, wo Namen mehr als einmal vorkamen, wurde der Anfangsbuchstabe zur Unterscheidung zugefügt, z. B. C. und E. Neumann.

Dr. Maria Schwarzburger

VERFASSERREGISTER

Baer, Reinhold: Ränder topologischer Räume (m. F. Levi). — Ber. **82** ('30) 170–189.

Balzer, Erich: Eine Anordnung zur intravenösen Dauerinfusion (m. E. Strack) (m. 3 Fig., 1 Tafel). — Ber. **89** ('37) 105–112.

— Dauerinfusion von Insulin (m. E. Strack) (m. 5 Fig.). — Ber. **89** ('37) 113–132.

— Über quantitative Beziehungen zwischen Insulin und Traubenzucker (m. E. Strack, E. Gminden) (m. 6 Fig.). — Ber. **89** ('37) 349–368.

Barth, Max: Verfahren zur intravenösen Dauerinfusion am Hund (m. B. Flaschenträger. u. a.) (m. 1 Fig.). — Ber. **86** ('34) 207–214.

Bauer, Erich: Wirkung großer Mengen Traubenzucker bei intravenöser Dauerinfusion (m. H. Knüpper). — Ber. **86** ('34) 339–350.

— Über die Leistungsfähigkeit der Pankreasinseln (m. 12 Fig.). — Ber. **88** ('36) 31–46.

Beck, Hans: Die Gruppe der Minimalgeraden. — Ber. **64** ('12) 35–56.

Beck, R.: Über die Struktur des uralischen Platins (m. 3 Taf., 6 Fig.). — Ber. **59** ('07) 387–396.

Beck, Richard: Über Protothamnopteris Baldaufi nov. sp., einem neuen verkieselten Farn aus dem Chemnitzer Rotliegenden (m. 2 Taf., 8 Fig.). — Abh. **36** ('20) Nr. 5, 511–522.

Beckmann, Ernst, *seit 23. 7. 1898 o. Mitgl., seit 1902 auswärt. Mitgl., gest. 12. 7. 1923*: Neue Vorrichtungen zum Färben nichtleuchtender Flammen (Spektrallampen) (m. 2 Taf.). — Abh. **26** (1900) Nr. 1, 1–23.

— Nekrolog auf Clemens Winkler, gesprochen am 14. Nov. 1904. — Ber. **56** ('04) 341–348.

Beger, Johannes: Typenvermischung im lamprophyrischen Ganggefolge des Lausitzer Granits (m. 16 Fig., 6 Taf.). — Ber. **65** ('13) 352–386.

— Salbandbildungen bei Lamprophyren und der Odinit. — Ber. **70** ('18) 241–245.

Berger, W.: Photographische Darlegung thermooptischer Verhältnisse des Gipses als Beitrag zur kristallographischen Kenntnis des Gipsbrennens (m. F. Rinne, S. Rösch) (m. 45 Fig., 6 Taf.). — Ber. **81** ('29) 171–198.

Bergfried, Walther: Stoffwechseluntersuchungen am narkotisierten Hund, 1: Der Respirationsapparat nach Benedict, umgebaut zur Durchführung von Dauerinfusionen (m. E. Strack, G. Wannschaff). — Ber. **88** ('36) 47—60.

Berndt, Charlotte: Über die Raumgruppe des Olivins (m. F. Rinne) (m. 6 Fig.).— Abh. **38** ('21) Nr. 3a, 35 S.

Berndt, Horst: Trias und Jura des Ostbalkans (m. 1 Abb., 3 Karten, 4 Taf.). — Ber. **86** ('34) 3–104.

Bernstein, Felix: Über eine Funktionalgleichung und eine erweiterte Begründung des Gaußschen Fehlergesetzes. — Ber. **58** ('06) 228—236.

— Zur Theorie der trigonometrischen Reihe. — Ber. **60** ('08) 325–338.

Bewilogua, Ludwig: Interferometrische Messungen am Molekül (m. P. Debye, F. Ehrhardt) (m. 8 Fig.). — Ber. **81** ('29) 29–37.

Biermann, Otto: Zur Lie'schen Theorie von den partiellen Differentialgleichungen. — Ber. **48** ('96) 665–94.

Bjerknes, Vilhelm, *seit 24. 5. 1913 o. Mitgl., seit 1917 auswärt. Mitgl., gest. 10. 4. 1951*: Über thermodynamische Maschinen, die unter Mitwirkung der Schwerkraft arbeiten (m. 4 Fig.). — Abh. **35** ('16) Nr. 1, 1–33.

— Über Wellenbewegung in kompressiblen, schweren Flüssigkeiten. — Abh. **35** ('16) Nr. 2, 35—65.

— Ein prognostisches Prinzip der dynamischen Meteorologie. — Ber. **69** ('17) 278–286.

Blaschke, Wilhelm, *seit 8. 5. 1937 korresp. Mitgl.*: Über Raumkurven von konstanter Breite. — Ber. **66** ('14) 171–177.

— Eine Erweiterung des Satzes von Vitali über Folgen analytischer Funktionen. — Ber. **67** ('15) 194–200.

— Einige Bemerkungen über Kurven und Flächen von konstanter Breite. — Ber. **67** ('15) 290–297.

— Ein Mittelwertsatz und eine kennzeichnende Eigenschaft des logarithmischen Potentials. — Ber. **68** ('16) 3–7.

— Räumliche Variationsprobleme mit symmetrischer Transversalitätsbedingung (m. 1 Fig.). — Ber. **68** ('16) 50–55.

— Eine kennzeichnende Eigenschaft des Ellipsoids und eine Funktionalgleichung auf der Kugel. — Ber. **68** ('16) 129—136.

— Über affine Geometrie, 1: Isoperimetrische Eigenschaften von Ellipse und Ellipsoid (m. 6 Fig.). — Ber. **68** ('16) 217–239.

∼ 2: Von der Mindest-Zahl der sextaktischen Punkte einer Eilinie (m. 1 Fig.). — Ber. **68** ('16) 240–243.

∼ 3: Eine Minimumeigenschaft der Ellipse (m. 4 Fig.). — Ber. **69** ('17) 3–12.

∼ 5: Kennzeichnende Eigenschaften des Ellipsoids. — Ber. **69** ('17) 166–206.

∼ 6: Existenzbeweis zur isoperimetrischen Eigenschaft des Ellipsoids. — Ber. **69** ('17) 207–225.

∼ 7: Neue Extremeigenschaften von Ellipse und Ellipsoid. — Ber. **69** ('17) 306–320.

∼ 8: Die Mindestzahl der sextaktischen Punkte einer Eilinie. — Ber. **69** ('17) 321–324.

∼ 9: Verschiedene Bemerkungen und Aufgaben (m. 1 Fig.). — Ber. **69** ('17) 412–420.

∼ 10: Eine Minimumeigenschaft des Ellipsoids (m. 3 Fig.). — Ber. **69** ('17) 421–435.

∼ 11: Lösung des „Vierpunktproblems" von Sylvester aus der Theorie der geometrischen Wahrscheinlichkeiten (m. 8 Fig.). — Ber. **69** ('17) 436–453.

Blaschke, Wilhelm: Über affine Geometrie, 12: Von den Eiflächen. — Ber. **70** ('18) 18–37. ~ 14: Eine Minimumaufgabe für Legendres Trägheitsellipsoid. — Ber. **70** ('18) 72–75.

~ 19: Extremeigenschaften und Integralgleichungen für die Ellipse. — Ber. **70** ('18) 177–184.

~ 21: Ein Beweis des Satzes von Liebmann über Kegelschnittpaare. — Ber. **70** ('18) 330–335.

~ 22: Bestimmung der Flächen mit zentrischen ebenen Schnitten. — Ber. **70** ('18) 336–340.

~ 25: Raumkurven und Schiebflächen. Anschließend eine Übersicht über den Inhalt der vorhergehenden Aufsätze über Affingeometrie. — Ber. **71** ('19) 20–28, 29–34.

Boehm, Karl: Zur Integration partieller Differentialgleichungen. — Ber. **54** ('02) 63–73.

Boehm, Rudolf, *seit 13. 2. 1886 o. Mitgl., gest. 19. 8. 1926:* Das südamerikanische Pfeilgift Curare in chemischer und pharmakologischer Beziehung, 2. Teil, 1: Das Calebassencurare; 2: Das Topfcurare; 3: Über einige Curarerinden (m. 4 Tafeln, 1 Fig.). — Abh. **24** ('97) Nr. 1, 1–52.

Böhmer, Paul Eugen: Über regellose alternierende Folgen. Ein Beitrag zu den Grundlagen der Wahrscheinlichkeitsrechnung. — Ber. **75** ('23) 91–101; ~ 2: **76** ('24) 139–148; ~ 3: **76** ('24) 149–158; ~ 4: **77** ('25) 36–40.

— Die Inversoren. — Ber. **84** ('32) 37–50.

Bonhoeffer, Karl-Friedrich, *seit 16. 11. 1935 o. Mitgl., seit 1947 auswärt. Mitgl., gest. 15. 5. 1957:* Zur Theorie der periodischen chemischen Reaktionen in erregbaren Systemen (m. 11 Fig.). — Ber. **95** ('43) 57–70.

Brödel, Walter: Über die Deformationsklassen zweidimensionaler Mannigfaltigkeiten (m. 13 Fig.). — Ber. **87** ('35) 85—120.

— Deformationsklassen bei mehrdeutigen topologischen Abbildungen (m. 16 Fig.). — Ber. **89** ('37) 135–166.

— Fortgesetzte Untersuchungen über Deformationsklassen bei mehrdeutigen topologischen Abbildungen (m. 13 Fig.). — Ber. **91** ('39) 229—260.

Brüggemann, Johannes: Über Eisenresorption bei Ileumfistelhunden (m. A. Scheunert). — Ber. **87** ('35) 171–178.

Bruns, Heinrich, *seit 4. 8. 1884 o. Mitgl., 1914–1915 Sekretar der mathematisch-physischen Klasse, gest. 23. 9. 1919:* Das Gruppenschema für zufällige Ereignisse. — Abh. **29** ('06) Nr. 8, 577–628.

— Beiträge zur Quotenrechnung. — Ber. **58** ('06) 571–613.

— Über die Untersuchung von Längenteilungen. — Ber. **64** ('12) 63—81.

— Bemerkungen über die Untersuchung von Kreisteilungen (m. 1 Fig.). — Ber. **64** ('12) 82–107.

Buchheim, W.: Luftelektrische Messungen auf Teneriffa (m. H. Dember). — Ber. **67** ('15) 343–355.

Buchner, Paul, *seit 5. 6. 1935 o. Mitgl., 1940–1942 Sekretar der mathematisch-naturwissenschaftlichen Klasse, seit 1943 auswärt. Mitgl.:* Nachruf auf Johannes Meisenheimer, gehalten am 20. Juni 1936. – Ber. **88** ('36) 109–118.

Cardoso, Gabriel Martin: Über die Raumgruppe des Stauroliths und seine gesetzmäßige Verwachsung mit Cyanit (m. 17 Fig. u. 3 Tafeln). – Ber. **80** ('28) 165–199.

Carleman, Torsten, *seit 31. 7. 1934 korrespondierendes Mitgl., gest. 11. 1. 1949:* Über die asymptotische Verteilung der Eigenwerte partieller Differentialgleichungen. – Ber. **88** ('36) 119–132.

Carus, Julius Victor, *seit 23. 7. 1898 o. Mitgl., gest. 10. 3. 1903:* Über eine Anomalie im Gebisse des Orangutans (m. 2 Abb.). – Ber. **50** N ('98) 32–37.

– Zur Erinnerung an Rudolf Leuckart. – Ber. **50** N ('98) 49–62.

Chun, Carl, *seit 23. 7. 1898 o. Mitgl., 1906–1914 Sekretar der mathematisch-physischen Klasse, gest. 11. 4. 1914:* Nekrolog auf Julius Victor Carus, vorgetragen am 14. Nov. 1903. – Ber. **55** ('03) 421–428.

– Über ein noch zu erforschendes unterseeisches Korallenriff im zentralen Indischen Ozean (m. 1 Kartenskizze). – Ber. **57** ('05) 45—48.

– Spirula australis Lam (m. 3 Fig. u. 1 Doppeltafel). – Ber. **62** ('10) 171 bis 188.

– Über den Wechsel der Glocken bei Siphonophoren (m. 8 Fig.). – Ber. **65** ('13) 27–41.

Correns, Carl Erich, *seit 1. 7. 1931 korrespondierendes Mitgl., gest. 14. 2. 1933:* Gregor Mendels Briefe an Carl Nägeli 1866—1873 (m. 1 Faksimile). – Abh. **29** ('05) Nr. 3, 187–265.

Credner, Hermann, *seit 23. 4. 1881 o. Mitgl., 1902–1905 stellvertretender Sekretar, gest. 21. 7. 1913:* Die Sächsischen Erdbeben während der Jahre 1889 bis 1897 (m. 5 Tafeln u. 2 Karten). – Abh. **24** ('98) Nr. 4, 315–397.

– Die seismischen Erscheinungen im Königreiche Sachsen während der Jahre 1898 u. 1899 bis zum Mai 1900. – Ber. **52** ('00) 37–42.

– Die vogtländischen Erdbebenschwärme während des Juli und des August 1900 (m. 1 Tabelle). – Ber. **52** ('00) 153—177.

– Hanns Bruno Geinitz gestorben. – Ber. **52** ('00) 242–245.

– Das sächsische Schüttergebiet des Sudetischen Erdbebens vom 10. Januar 1901 (m. 1 Fig. u. 1 Tafel). – Ber. **53** ('01) 83—103.

– Die vogtländischen Erderschütterungen in dem Zeitraume vom September 1900 bis zum März 1902, insbesondere die Erdbebenschwärme im Frühjahr und Sommer 1901 (m. 2 Kartenskizzen). – Ber. **54** ('02) 74–90.

– Die vom Wiechertschen astatischen Pendelseismometer der Erdbeben-Station Leipzig während des Jahres 1902 registrierten Nahbeben (m. 1 Tafel u. 3 Fig.). – Ber. **55** ('03) 1–21.

Credner, Hermann: Der vogtländische Erdbebenschwarm vom 13. Februar bis zum 18. Mai 1903 und seine Registrierung durch das Wiechertsche Pendelseismometer in Leipzig (m. 26 Fig. u. 1 Karte). — Abh. **28** ('04) Nr. 6, 419 — 530.

— Die Sächsischen Erdbeben während der Jahre 1904 bis 1906 (m. 1 Karte u. 4 Fig.). — Ber. **59** ('07) 333–355.

Cremer, Hubert: Ein Existenzbeweis der Kreisringabbildung zweifach zusammenhängender schlichter Bereiche. — Ber. **82** ('30) 190–192.

— Über das Zentrumproblem (Mit besonderer Berücksichtigung der Lückenreihen) (m. 1 Fig.). — Ber. **82** ('30) 243–250.

— Über die Schrödersche Funktionalgleichung und das Schwarzsche Eckenabbildungsproblem (m. 2 Fig.). — Ber. **84** ('32) 291–324.

Debye, Peter, *seit 27. 2. 1928 o. Mitgl., seit 1935 auswärt. Mitgl.:* Interferometrische Messungen am Molekül (m. L. Bewilogua, F. Ehrhardt) (m. 8 Fig.). — Ber. **81** ('29) 29–37.

— Schallwellen als optische Gitter. — Ber. **84** ('32) 125–127.

— Einfluß des molekularen Feldes auf den Verlauf adiabatischer Entmagnetisierungsprozesse bei tiefsten Temperaturen (m. 2 Abb.). — Ber. **86** ('34) 105–114.

Dember, Harry: Über lichtelektrische Sonden und ihre Anwendung im künstlichen und atmosphärischen Felde (m. 7 Fig.). Ber. **62** ('10) 218–250.

— Über die ionisierende Wirkung des ultravioletten Sonnenlichtes. — Ber. **64** ('12) 3–4.

— Über die Bestimmung der Loschmidtschen Zahl durch Messung der Absorption des Sonnenlichtes in der Atmosphäre (m. 2 Fig.). — Ber. **64** ('12) 259–265.

— Über lichtelektrische Photometrie. — Ber. **64** ('12) 266–269.

— Über die Bestimmung der Loschmidtschen Zahl aus Extinktionskoeffizienten des kurzwelligen Sonnenlichts mit Hilfe eines lichtelektrischen Spektralphotometers. — Ber. **67** ('15) 106–116.

— Luftelektrische Messungen auf Teneriffa (m. W. Buchheim). — Ber. **67** ('15) 343–355.

— Drei optisch-meteorologische Beobachtungen (m. M. Uibe) (m. 1 Fig.). — Ber. **68** ('16) 46–49.

— Über die scheinbare Gestalt des Himmelsgewölbes (m. M. Uibe) (m. 2 Fig.). — Ber. **69** ('17) 139–148.

— Über die spektrale Polarisation des diffusen Sonnenlichts in der Erdatmosphäre (m. M. Uibe) (m. 5 Fig.). — Ber. **69** ('17) 149–165; ∼ 2: Zur Kenntnis der Haidingerschen Polarisationsbüschel im blauen Himmelslicht (m. M. Uibe) (m. 2 Fig.). — Ber. **72** ('20) 1–11.

— Über die Gestalt des sichtbaren Himmelsgewölbes (m. M. Uibe) (m. 16 Fig.). — Ber. **69** ('17) 391–411.

Dember, Harry: Versuch einer physikalischen Lösung des Problems der sichtbaren Größenänderung von Sonne und Mond in verschiedenen Höhen über dem Horizont (m. M. Uibe) (m. 20 Fig.). — Ber. **69** ('17) 485–509.

— Über eine physikalische Theorie der Bewegung des Erdschattens in der Atmosphäre (m. M. Uibe) (m. 2 Fig.). — Ber. **71** ('19) 227–239.

Denneberg, Horst: Konforme Abbildung einer Klasse unendlich-vielfach zusammenhängender schlichter Bereiche auf Kreisbereiche. — Ber. **84** ('32) 331–352.

Des Coudres, Theodor, *seit 1. 8. 1903 o. Mitgl., gest. 8. 10. 1926:* Worte zum Gedächtnis an Ludwig Boltzmann, gesprochen am 14. Nov. 1906. — Ber. **58** ('06) 615–628.

— Bombe für hohe Drucke und hohe Temperaturen (m. 4 Fig.). — Ber. **62** ('10) 296—303.

Dietrich, Rudolf: Asymptotische Lösungen linearer Differentialgleichungen. — Ber. **84** ('32) 289–290.

Döge, A.: Widerstands- und Beschleunigungsmessungen an frei steigenden Pilotballonen mittels photographischer Registrierung (m. L. Schiller) (m. 2 Fig.). — Ber. **64** ('12) 13–25.

Drude, Paul, *seit 17. 6. 1895 ao. Mitgl., gest. 5. 7. 1906:* Über die anomale elektrische Dispersion von Flüssigkeiten (m. 1 Tafel u. 2 Fig.). — Abh. **23** ('96) Nr. 1, 1–58.

— Zur Theorie stehender elektrischer Drahtwellen (m. 1 Tafel). — Abh. **23** ('96) Nr. 2, 59–168.

— Der elektrische Brechungsexponent von Wasser und wäßrigen Lösungen (m. 1 Fig.). — Ber. **48** ('96) 315–60.

— Elektrische Anomalie und chemische Constitution. — Ber. **48** ('96) 431–35.

— Über Messung der Dielektricitätsconstanten kleiner Substanzmengen vermittelst elektrischer Drahtwellen (m. 3 Fig.). — Ber. **48** ('96) 583–612.

— Zur Theorie der anomalen elektrischen Dispersion und Absorption. — Ber. **49** ('97) 549–577.

— Nachruf auf Wilhelm Hankel. — Ber. **51** ('99) LXVII–LXXVI.

Dudensing, Wilhelm: Über die Auflösung der Jacobischen Gleichung mittels hypergeometrischer Reihen 3. Ordnung. — Ber. **78** ('26) 127–140.

Ehrhardt, F.: Interferometrische Messungen am Molekül (m. P. Debye, L. Bewilogua) (m. 8 Fig.). — Ber. **81** ('29) 29–37.

Eichler, Martin: Ätz- und Lösungserscheinungen am Topas (m. F. Rinne) (m. 16 Fig.). — Ber. **73** ('21) 232–248.

Eigenfeld, Rolf: Prävariskische Glieder der Sächsisch-Fichtelgebirgischen kristallinen Schiefer, 2: Die Kulmkonglomerate von Teuschnitz im Frankenwalde. Mit einem Vorwort von K. H. Scheumann (m. 30 Fig. 5 Tafeln). — Abh. **42** ('33) Nr. 1, 64 S.

Eigenfeld, Rolf: 4: Die granitführenden Konglomerate des Oberdevons und Kulms im Gebiete altkristalliner Sattelanlagen in Ostthüringen, Frankenwald und Vogtland. Mit einer Einleitung über die Untersuchungsergebnisse der prävariskischen Glieder von K. H. Scheumann (m. 84 Abb., [12 Tafeln], 1 Karte). — Abh. **42** ('38) Nr. 7, 149 S.

von Elissafoff, G.: Über die Löslichkeit der Würfel- und Oktaederfläche des Steinsalzes (m. M. Le Blanc). — Ber. **65** ('13) 199–209.

Emde, Hermann: Rekonstruktive Biochemie am Beispiele von Pflanzenstoffen (9. Mitteilung zur Biosynthese). — Ber. **83** ('31) 219–237.

Emmrich, Rolf: Bestimmung ätherlöslicher Säuren im Harn (m. E. Höhne) (m. 1 Fig.). — Ber. **92** ('40) 3–18.

— Ein Beitrag zur Frage der ω-Oxydation (m. I. Emmrich-Glaser). — Ber. **93** ('41) 3–8.

Emmrich-Glaser, Ilse: Ein Beitrag zur Frage der ω-Oxydation (m. R. Emmrich). — Ber. **93** ('41) 3–8.

Engel, Friedrich, *seit 3. 3. 1890 ao. Mitgl., seit 31. 7. 1899 o. Mitgl., seit 1904 auswärtiges Mitgl., gest. 29. 9. 1941:* Das Pfaff'sche Problem. — Ber. **48** ('96) 413–430.

— Über lineare homogene Transformationen. — Ber. **49** ('97) 249–253.

— Die Zerlegung einer ganzen Function einer Veränderlichen in Factoren ohne vielfache Wurzeln. — Ber. **49** ('97) 603–606.

— Zur nichteuklidischen Geometrie (m. 9 Fig.). — Ber. **50** M ('98) 181–191.

— Nekrolog auf Sophus Lie. — Ber. **51** ('99) XI–LXI.

— Die infinitesimalen Transformationen einer Pfaff'schen Gleichung. — Ber. **51** M ('99) 296–315.

— Ein neues, dem linearen Komplexe analoges Gebilde. — Ber. **52** ('00) 63–76, 220–239.

— Zur Flächentheorie. 1. Mitteilung. — Ber. **53** ('01) 404–412.

— Die höheren Differentialquotienten. — Ber. **54** ('02) 17–51.

— Eine neue Methode in der Invariantentheorie der Differentialgleichungen. — Ber. **57** ('05) 161–232.

— Eine neue geometrische Eigenschaft der Lieschen Elementvereine. — Ber. **58** ('06) 323–340.

— Die Teilung einer gewöhnlichen Potenzreihe durch eine ganze Funktion. — Ber. **68** ('16) 184–198.

— Die äquilonge Extremalentransformation, eine Anwendung der Berührungstransformationen (m. H. Liebmann). — Ber. **69** ('17) 13–44.

— Bestimmung der Differentialinvarianten von Gruppen der Ebene aus den Definitionsgleichungen (m. F. Schwanhäusser). Ber. **74** ('22) 43–60.

— Die einfach transitiven Gruppen. — Ber. **76** ('24) 204–225.

— Über Lies Invariantentheorie der endlichen kontinuierlichen Gruppen. — Ber. **90** ('38) 137–174.

Enger, R.: Über das Verhalten der α-Ketovalerolakton-γ-carbonsäure im Tierkörper (m. H. Siedentopf). — Ber. **80** ('28) 122–126.

Espig, Hermann: Röntgenographische Untersuchungen am Karborund (m. F. Rinne) (m. 11 Fig.). – Abh. **38** ('21) Nr. 3c, 24 S.

Etzold, Franz: Das Wiechertsche astatische Pendelseismometer der Erdbebenstation Leipzig und die von ihm gelieferten Seismogramme von Fernbeben (m. 2 Fig. u. 2 Taf.). – Ber. **54** ('02) 283–326.

– Die von Wiecherts astatischem Pendelseismometer in der Zeit vom 15. Juli bis 31. Dezember 1902 in Leipzig gelieferten Seismogramme von Fernbeben (m. 1 Taf.). – Ber. **55** ('03) 22–38.

– Bericht über die von Wiecherts astatischem Pendelseismometer in Leipzig vom 1. Januar bis 30. Juni 1903 registrierten Fernbeben und Pulsationen (m. 1 Taf., 2 Fig., 1 Tabelle). – Ber. **55** ('03) 296–321.

– Vierter Bericht der Erbebenstation Leipzig. Die in Leipzig vom 1. Juli 1903 bis 30. April 1904 von Wiecherts Pendelseismometer registrierten Erdbeben und Pulsationen (m. 1 Taf., 3 Tabellen). – Ber. **56** ('04) 289–295.

∼ 5: 1. Die in Leipzig vom 1. Mai bis 31. Oktober 1904 registrierten Erdbeben und Pulsationen.

≈ 2. Über die Aufzeichnung der infolge des Läutens der Kirchenglocken zu Leipzig erzeugten Bodenschwingungen (m. 1 Taf., 2 Tabellen). – Ber. **56** ('04) 302–310.

∼ 6: 1. Die in Leipzig vom 1. Nov. 1904 bis 31. Dez. 1905 und die in Plauen vom 17. Aug. bis 31. Dez. 1905 aufgezeichneten Seismogramme.

≈ 2. Die in Leipzig vom 1. Nov. 1904 bis 31. Dez. 1905 aufgezeichneten, nicht von Erdbeben herrührenden Bewegungen (m. 1 Taf.). – Ber. **58** ('06) 81–105.

∼ 7: 1. Die in Leipzig und Plauen vom 1. Jan. bis 31. Dez. 1906 aufgezeichneten Diagramme.

≈ 2. Die in Leipzig vom 1. Jan. bis 31. Dez. 1906 aufgezeichneten pulsatorischen Bewegungen. (m. 2 Taf.). – Ber. **59** ('07) 2–34.

∼ 8: 1. Die in Leipzig und Plauen vom 1. Jan. bis 30. Juni 1907 aufgezeichneten Seismogramme.

≈ 2. Die in Leipzig vom 1. Jan. bis 30. Juni 1907 aufgezeichneten pulsatorischen Bewegungen. – Ber. **59** ('07) 356–370.

∼ 9: 1. Die in Leipzig und Plauen vom 1. Juli bis 31. Dez. 1907 aufgezeichneten Seismogramme.

≈ 2. Die in Leipzig vom 1. Juli bis 31. Dez. 1907 aufgezeichneten pulsatorischen und sonstigen nicht seismischen Bewegungen. (m. 1 Taf.) – Ber. **60** ('08) 57–78.

∼ 10: 1. Die in Leipzig und Plauen vom 1. Jan. bis 30. Juni 1908 aufgezeichneten Seismogramme.

≈ 2. Die in Leipzig vom 1. Jan. bis 30. Juni 1908 aufgezeichneten pulsatorischen und sonstigen nicht seismischen Bewegungen. – Ber. **60** ('08) 223–239.

Etzold, Franz: Elfter Bericht der Erdbebenstation Leipzig: Die in Leipzig und Plauen vom 1. Juli bis 31. Dez. 1908 aufgezeichneten Seismogramme (m. 1 Taf.). — Ber. **61** ('09) 62–91.

∼ 12: Die in Leipzig und Plauen während des Jahres 1909 aufgezeichneten Seismogramme (m. 1 Taf.). — Ber. **62** ('10) 3–31.

∼ 13: Die in Leipzig und Plauen während des Jahres 1910 aufgezeichneten Seismogramme. — Ber. **63** ('11) 291–318.

— Die sächsischen Erdbeben während der Jahre 1907–1915 (m. 9 Fig., 1 Taf.). — Abh. **36** ('19) Nr. 3, 215–429.

Faber, Karl: Differentialgleichungen, die durch eine Berührungstransformation auf die Form $y''' = 0$ gebracht werden können. — Ber. **78** ('26) 9–22.

— Ein Integrationsproblem mit zwei wesentlich verschiedenen Resolventen. — Ber. **78** ('26) 23–34.

Feddersen, Wilhelm, *seit 1. 8. 1903 o. Mitgl., gest. 1. 7. 1918:* Zur Entdeckung der elektrischen Wellen. — Ber. **61** ('09) 153–155.

Felix, Johannes, *seit 1. 8. 1903 ao. Mitgl., gest. 25. 1. 1941:* Über eine pliocäne Korallenfauna aus Holländisch Neu-Guinea (m. 3 Fig.). — Ber. **64** ('12) 429–445.

Fick, Rudolf: Über die Bewegungen in den Handgelenken (m. 8 Fig., 10 Taf.). — Abh. **26** ('01) Nr. 6, 415–467.

Firbas, F.: Über jungdiluviale und alluviale Torflager in der Grube Marga bei Senftenberg (Niederlausitz) (m. R. Grahmann) (m. 14 Abb., 2 Taf.). — Abh. **40** ('28) Nr. 4, 63 S.

Fischer, Otto, *seit 16. 10. 1893 ao. Mitgl., seit 15. 7. 1905 o. Mitgl., gest. 22. 12. 1916:* Beiträge zur Muskelstatik, 1: Über das Gleichgewicht zwischen Schwere und Muskeln am zweigliedrigen System (m. 7 Taf. 21 Fig.). — Abh. **23** ('96) Nr. 4, 267–368.

— Beiträge zu einer Muskeldynamik, 2: Über die Wirkung der Schwere und beliebiger Muskeln auf das zweigliedrige System (m. 4 Taf., 12 Fig.). — Abh. **23** ('97) Nr. 6, 467–558.

— Der Gang des Menschen, 2: Die Bewegung des Gesamtschwerpunktes und die äußeren Kräfte (m. 5 Fig., 12 Taf.). — Abh. **25** ('99) Nr. 1, 1—130.

∼ 3: Betrachtungen über die weiteren Ziele der Untersuchung und Überblick über die Bewegungen der unteren Extremitäten (m. 7 Taf., 3 Fig.). — Abh. **26** ('00) Nr. 3, 85–170.

∼ 4: Über die Bewegung des Fußes und die auf denselben einwirkenden Kräfte (m. 3 Taf., 11 Fig.). — Abh. **26** ('01) Nr. 7, 469–556.

∼ 5: Die Kinematik des Beinschwingens (m. 5 Taf., 8 Fig.). — Abh. 28 ('03) Nr. 5, 319–418.

∼ 6: Über den Einfluß der Schwere und der Muskeln auf die Schwingungsbewegung des Beins (m. 3 Taf., 7 Fig.). —Abh. 28 ('04) Nr. 7, 531–617.

Fischer, Otto: Das statische und das kinetische Maß für die Wirkung eines Muskels, erläutert an ein- und zweigelenkigen Muskeln des Oberschenkels (m. 12 Taf.). — Abh. **27** ('02) Nr. 5, 483–588.

— Über die Bewegungsgleichungen räumlicher Gelenksysteme (m. 6 Fig.). — Abh. **29** ('05) Nr. 4, 267–354.

— Zur Kinematik des Listingschen Gesetzes (m. 32 Fig., 2 Taf.). — Abh. **31** ('09) Nr. 1, 1–80.

— Zur Kinematik der Gelenke vom Typus des Humero-Radialgelenks (m. 28 Fig.). — Abh. **32** ('09) Nr. 1, 1–78.

Flaschenträger, Bonifaz: Betrachtungen über die Zuckerbildung aus Fett. — Ber. **79** ('27) 158–171.

— Verfahren zur intravenösen Dauerinfusion am Hund (m. G. Fricke, H. Lachmann, H. Lemmel, M. Barth) (m. 1 Fig.). — Ber. **86** ('34) 207–214.

Flechsig, Paul, *seit 14. 3. 1885 o. Mitgl., gest. 22. 7. 1929:* Bericht an die Kgl. Sächsische Gesellschaft der Wissenschaften über die am 5. Juni 1903 in London abgehaltene Sitzung der von der internationalen Association der Akademien niedergesetzten Kommission zur Gehirnerforschung (m. W. His). — Ber. **55** ('03) 156–163.

— Einige Bemerkungen über die Untersuchungsmethoden der Großhirnrinde, insbesondere des Menschen. Dem Zentralkomitee für Hirnforschung vorgelegt (m. 4 Taf.). — Ber. **56** ('04) 50–104, 177–248.

— Zur Anatomie der Hörsphäre des menschlichen Gehirns (m. 2 Taf.). — Ber. **59** ('07) 397—408.

— Die myelogenetische Gliederung der Leitungsbahnen des Linsenkerns beim Menschen. — Ber. **73** ('21) 295–302.

Foerster, Fritz, *seit 14. 11. 1912 o. Mitgl., gest. 14. 9. 1931:* Gedächtnisrede auf Walther Hempel, gesprochen am 14. Nov. 1917. — Ber. **69** ('17) 553–588.

Fredenhagen, Karl: Über die Elektronenemission des Platins und über die Ursache der Wirksamkeit der Oxydelektroden (m. 6 Fig.). — Ber. **65** ('13) 42–74.

Frege, G.: Über die Begriffsschrift des Herrn Peano und meine eigene. — Ber. **48** ('96) 361–378.

von Frey, Max, *seit 16. 10. 1893 ao. Mitgl., gest. 25. 1. 1932:* Untersuchungen über die Sinnesfunctionen der menschlichen Haut, 1: Druckempfindung und Schmerz (m. 16 Fig.). — Abh. **23** ('96) Nr. 3, 169–266.

— Beiträge zur Sinnesphysiologie der Haut, 4. Mitt. — Ber. **49** ('97) 462—468.

Fricke, G.: Verfahren zur intravenösen Dauerinfusion am Hund (m. B. Flaschenträger u. a.). (m. 1 Fig.). — Ber. **86** ('34) 207–214.

Friedel, Johannes: Experimentelle Untersuchungen über lamellare Doppelbrechung. — Ber. **57** ('05) 315–320.

Friedrich, Gustav: Das Ausnutzungsvermögen des Hundes für Fett (m. E. Strack) (m. 1 Fig.). — Ber. **93** ('41) 115–144.

Gallwitz, Hans: Die Altersfolge der Intrusionen in der Elbtalzone (m. 3 Fig., 1 Karte). — Ber. **86** ('34) 351–382.

Garten, Siegfried: *seit 14. 11. 1907 ao. Mitgl., seit 31. 7. 1917 o. Mitgl., gest. 7. 8. 1923:* Beiträge zur Physiologie des elektrischen Organes der Zitterrochen (m. 4 Taf.). — Abh. **25** ('99) Nr. 5, 251–366.

— Über rhythmische, elektrische Vorgänge im quergestreiften Skelettmuskel (m. 13 Taf.). — Abh. **26** ('01) Nr. 5, 329–414.

— Der durch den konstanten Strom im Nerven des Kaltfrosches ausgelöste Erregungsvorgang ist diskontinuierlicher Natur (m. 1 Taf.). — Ber. **60** ('08) 85–93.

— Nekrolog für Otto Fischer, gesprochen am 14. Nov. 1917. — Ber. **69** ('17) 535–552.

— Nachruf auf Ewald Hering, gesprochen am 14. Nov. 1918. — Ber. **70** ('18) 381–402.

— Über die Grundlagen unserer Orientierung im Raume (m. 8 Abb., 4 Taf.). — Abh. **36** ('20) Nr. 4, 431–510.

— Beiträge zur Vokallehre, 1: Analyse der Vokale mit dem Quinckeschen Interferenzapparat (m. 3 Taf., 3 Fig.). — Abh. **38** ('21) Nr. 7, 43 S.
∼ 2: Eigentöne der Mundhöhle bei Einstellung auf verschiedene Vokale ohne Betätigung der Stimme (m. 1 Taf., 2 Fig.). — Abh. **38** ('21) Nr. 8, 26 S.
∼ 3: Die automatische harmonische Analyse der gesungenen Vokale (m. F. Kleinknecht) (m. 4 Taf., 5 Textfig.). — Abh. **38** ('21) Nr. 9, 43 S.

— Nachruf auf Max Siegfried, gehalten am 1. Juli 1922. — Ber. **74** ('22) 145–156.

Geiger, K.: Über eine spezielle Substitutionsgruppe (m. H. Schmidt). — Ber. **80** ('28) 379–384.

Gellert, Johannes Fürchtegott: Die Neogenbucht von Varna und ihre Umrandung (m. 6 Fig., 5 Taf.). — Abh. **41** ('29) Nr. 2, 92 S.

— Oberflächengestaltung und Morphotektonik Mittelbulgariens und ihre Beziehungen zur Morphotektonik der Balkanhalbinsel (m. 6 Karten) — Abh. **42** ('36) Nr. 5, 66 S.

George, E.: Die Verwertung des Roggens in ernährungsphysiologischer Hinsicht. — Ber. **78** ('26) 381–398.

Ghetie, Vasile: Zungenbein, Kehlkopf und Zunge des indischen Elefanten (m. 8 Abh.). — Abh. **43** ('44) Nr. 2, 13 S.

Gildemeister, Martin, *seit 1. 7. 1925 o. Mitgl., gest. 13. 10. 1943:* Zur Theorie des elektrischen Reizes (m. 1 Fig.). — Ber. **79** ('27) 172–179.
∼ 2: Konzentrationspolarisation durch konstanten Strom bei kleinem Elektrodenabstand. — Ber. **80** ('28) 127–134.
∼ 3: Polarisation durch veränderliche Ströme. — Ber. **80** ('28) 203 bis 208.

$\sim$4: Polarisation durch veränderliche Ströme. — Ber. **81** ('29) 287–302.
$\sim$5: Polarisation durch Wechselströme (m. 1 Fig.). — Ber. 81 ('29) 303–313.

— Nachruf auf Wilhelm Biedermann, gehalten am 1. Juli 1930. — Ber. 82 ('30) 141–144.

— Über den Flüssigkeitswechsel der Haut, geprüft durch elektroendosmotische Einführung anästhesierender Stoffe. — Ber. **95** ('43) 45–55.

— Die Zulässigkeit des χ^2-Kriteriums für kleine Versuchszahlen (m. B. L. van der Waerden). — Ber. **95** ('43) 145–150.

Ginzel, Ingeborg: Die Gruppe der Inversoren. — Ber. **84** ('32) 51–62.

Gminden, Ernst: Über quantitative Beziehungen zwischen Insulin und Traubenzucker (m. E. Strack, E. Balzer) (m. 6 Fig.). — Ber. 89 ('37) 349–368.

Goebel, Fritz: Eine geologische Kartierung im mazedonisch-albanischen Grenzgebiet beiderseits des Ochrida-Sees (m. 3 Taf., 3 Fig.). — Ber. **71** ('19) 257–276.

Goerdeler, Joachim: Zur Kenntnis des Schneckenemulsins (m. Burckhardt Helferich) (m. 6 Fig.). — Ber. **92** ('40) 75–106.

Gösele, Lothar: Untersuchungen über die Möglichkeit einer langfristigen Erntevorhersage in Deutschland (m. 8 Fig.). — Ber. **87** ('35) 121–144.

Gräfe, Rudolf: siehe F. Rinne.

Grahmann, Rudolf: Diluvium und Pliozän in Nordwestsachsen (m. 24 Fig., 4 Taf.). — Abh. **39** ('25) Nr. 4, 82 S.

— Über jungdiluviale und alluviale Torflager in der Grube Marga bei Senftenberg (Niederlausitz) (m. F. Firbas) (m. 14 Abb., 2 Taf.). — Abh. **40** ('28) Nr. 4, 63 S.

— Über die Ausdehnung der Vereisungen Norddeutschlands und ihre Einordnung in die Strahlungskurve (m. 4 Fig.). — Ber. **80** ('28) 135–164.

Grötzsch, Herbert: Über einige Extremalprobleme der konformen Abbildung. — Ber. **80** ('28) 367–376, 497–502.

— Über die Verzerrung bei schlichten nichtkonformen Abbildungen und über eine damit zusammenhängende Erweiterung des Picardschen Satzes. — Ber. **80** ('28) 503–507.

— Über die Verzerrung bei schlichter konformer Abbildung mehrfach zusammenhängender schlichter Bereiche (m. 4 Fig.). — Ber. **81** ('29) 38–47; $\sim$2: **81** ('29) 217–221; $\sim$3; **83** ('31) 283–297.

— Über konforme Abbildung unendlich vielfach zusammenhängender schlichter Bereiche mit endlich vielen Häufungsrandkomponenten (m. 20 Fig.). — Ber. **81** ('29) 51–86.

— Über die Verzerrung bei nichtkonformen schlichten Abbildungen mehrfach zusammenhängender schlichter Bereiche (m. 8 Fig.). — Ber. 82 ('30) 69–80.

— Über ein Variationsproblem der konformen Abbildung (m. 5 Fig.). — Ber. 82 ('30) 251–263.

Grötzsch, Herbert: Zur konformen Abbildung mehrfach zusammenhängender schlichter Bereiche (Iterationsverfahren). — Ber. **83** ('31) 67–76.

— Zum Parallelschlitztheorem der konformen Abbildung schlichter, unendlich-vielfach zusammenhängender Bereiche (m. 4 Fig.). — Ber. **83** ('31) 185–200.

— Das Kreisbogenschlitztheorem der konformen Abbildung schlichter Bereiche. — Ber. **83** ('31) 238–253.

— Über die Verschiebung bei schlichter konformer Abbildung schlichter Bereiche (m. 11 Fig.). — Ber. **83** ('31) 254–279; ~ 2: **84** ('32) 269–278.

— Über Extremalprobleme bei schlichter konformer Abbildung schlichter Bereiche. — Ber. **84** ('32) 3–14.

— Über das Parallelschlitztheorem der konformen Abbildung schlichter Bereiche. — Ber. **84** ('32) 15–36.

— Über möglichst konforme Abbildungen von schlichten Bereichen. — Ber. **84** ('32) 114–120.

— Zur Theorie der konformen Abbildung schlichter Bereiche. — Ber. **87** ('35) 145–167.

— Eine Bemerkung zum Koebeschen Kreisnormierungsprinzip. — Ber. **87** ('35) 319–324.

Groißmayr, Fritz: Die Nilflut und der Temperaturcharakter des Folgewinters in Leipzig (m. 3 Fig.). — Ber. **80** ('28) 326–333.

Gross, Rudolf: Zur Theorie des Wachstums- und Lösungsvorganges kristalliner Materie (m. 32 Fig.). — Abh. **35** ('18) Nr. 4, 135–202.

— Über die Intensitätsverteilung innerhalb der Beugungsflecken eines Lauephotogramms (m. 7 Fig.). — Ber. **70** ('18) 3–12.

Gross, Wilhelm: Über affine Geometrie, 13: Eine Minimumeigenschaft der Ellipse und des Ellipsoids. — Ber. **70** ('18) 38–54.

Großmann, Ernst: Beobachtungen am Repsoldschen Meridiankreise der von Kuffnerschen Sternwarte in Wien–Ottakring in den Jahren1896 bis 1898 (m. 4 Fig.). — Abh. **27** ('01) Nr. 1, 1–210.

— Die Polhöhe der Leipziger Sternwarte. — Abh. **32** ('12) Nr. 5, 433–506.

Grünler, Siegfried: Über Anwesenheit und Bedeutung von Kohlehydraten in Glykosidasen (m. B. Helferich u. W. Richter) (m. 6 Fig.). — Ber. **89** ('37) 385–396.

Günther, Erich: Energie von Öffnungs- und Schließungsfunken besonders bei einer zur Funkenstrecke parallel liegenden Kapazität (m. 1 Fig.). — Ber. **63** ('11) 258–263.

— Über die Entwicklung der Geschwindigkeits- und Beschleunigungsverhältnisse geradliniger Bewegungsformen aus dem Weg-Zeit-Diagramm im Polarkoordinatensystem (m. 4 Fig.). — Ber. **73** ('21) 226–231.

Hallwachs, Wilhelm, *seit 15. 7. 1905 o. Mitgl., gest. 20. 6. 1922:* Über die lichtelektrische Ermüdung. — Ber. 58 ('06) 341–393.

Hallwachs, Wilhelm. Über das Reflexionsvermögen dünner Metallschichten, sowie longitudinale Wirkung und Eindringungstiefe bei der Lichtelektrizität (m. A. Partzsch) (m. 2 Fig.). – Ber. **64** ('12) 147–166.

– Nachruf für August Toepler, gesprochen in der öffentlichen Gesamtsitzung beider Klassen am 14. Nov. 1912. – Ber. **64** ('12) 479–498.

Hankel, Wilhelm Gottlieb, *seit 14. 11. 1849 o. Mitgl., gest. 18. 2. 1899:* Elektrische Untersuchungen, 21: Über die thermo- und piëzo-elektrischen Eigenschaften der Krystalle des ameisensauren Baryts, Bleioxyds, Strontians und Kalkes, des salpetersauren Baryts und Bleioxyds, des schwefelsauren Kalis, des Glycocolls, Taurins und Quercits (m. 2 Taf.). –Abh. **24** ('99) Nr. 6, 469–495.

Hantzsch, Arthur, *seit 1. 2. 1904 o. Mitgl., gest. 14. 3. 1935:* Gedächtnisrede auf Ernst von Meyer. – Ber. **68** ('16) 245–251.

Hartmann, Johannes: Die Beobachtung der Mondfinsternisse (m. 4 Fig.). – Abh. **23** ('96) Nr. 5, 369–466.

– Über den Gang einer mit Riefler'schem Pendel versehenen Uhr von Utzschneider und Fraunhofer. – Ber. **49** ('97) 664–686.

Hausdorff, Felix, *seit 23. 2. 1907 ao. Mitgl., gest. 26. 1. 1942:* Infinitesimale Abbildungen der Optik. – Ber. **48** ('96) 79–130.

– Das Risico bei Zufallsspielen. – Ber. **49** ('97) 497–548.

– Analytische Beiträge zur nichteuklidischen Geometrie (m. 17 Fig.). – Ber. **51** M ('99) 161–214.

– Zur Theorie der Systeme complexer Zahlen. – Ber. **52** ('00) 43–61.

– Beiträge zur Wahrscheinlichkeitsrechnung. – Ber. **53** ('01) 152–178.

– Über eine gewisse Art geordneter Mengen. – Ber. **53** ('01) 460–475.

– Die symbolische Exponentialformel in der Gruppentheorie. – Ber. **58** ('06) 19–48.

– Untersuchungen über Ordnungstypen. – Ber. **58** ('06) 106–169; **59** ('07) 84–159.

– Die Graduierung nach dem Endverlauf. – Abh. **31** ('09) Nr. 6, 295–334.

Haussmann, E.: siehe F. Stohmann.

Haußner, Robert: Über verallgemeinerte Eulersche Zahlen und Tangentenkoeffizienten. – Ber. **62** ('10) 386–418.

Hayn, Friedrich: Selenographische Koordinaten, 1. – Abh. **27** ('02) Nr. 9, 861–919.

~ 2 (m. 4 Taf.). – Abh. **29** ('04) Nr. 1, 1–142.

~ 3 (m. 1 Taf.). – Abh. **30** ('07) Nr. 1, 1–103.

~ 4 (m. 11 Taf.). – Abh. **33** ('14) Nr. 1, 1–113.

– Die Plejaden (m. 1 Taf.). – Abh. **38** ('21) Nr. 6, 56 S.

– Der Sternhaufen Praesepe. Mit einem Anhang von H. Naumann (m. 1 Fig.). – Abh. **40** ('27) Nr. 2, 47 S.

Heinrich, Kurt: Verwendung der Savartschen Platte bei der Beobachtung der relativen Phasendifferenz zur Bestimmung der optischen Konstanten von Metallen (m. 1 Fig.). – Ber. **62** ('10) 253–255.

Heinze, Max: Gedächtnisrede auf M. W. Drobisch. – Ber. **48** ('96) 695–719.

Heisenberg, Werner, *seit 1. 7. 30 o. Mitgl., 1938–1940 stellvertretender Sekretar, seit 1941 auswärt. Mitgl.:* Über Energieschwankungen in einem Strahlungsfeld. – Ber. **83** ('31) 1–9.

– Zur Geschichte der physikalischen Naturerklärung. – Ber. **85** ('33) 29–40.

– Über die mit der Entstehung von Materie aus Strahlung verknüpften Ladungsschwankungen. – Ber. **86** ('34) 317–322.

– Der Durchgang sehr energiereicher Korpuskeln durch den Atomkern. – Ber. **89** ('37) 369–384.

Held, Hans, *seit 31. 7. 1917 o. Mitgl., gest. 8. 12. 1942:* Untersuchungen über den feineren Bau des Ohrlabyrinthes der Wirbeltiere, 1: Zur Kenntnis des Cortischen Organs und der übrigen Sinnesapparate des Labyrinthes bei Säugetieren (m. 5 Taf., 2 Fig.). – Abh. **28** ('02) Nr. 1, 1–74. ~ 2: Zur Entwicklungsgeschichte des Cortischen Organs und der Macula Acustica bei Säugetieren und Vögeln (m. 18 Taf.). – Abh. **31** ('09) Nr. 5, 193–294.

– Über den Bau der Neuroglia und über die Wand der Lymphgefäße in Haut und Schleimhaut (m. 3 Fig., 4 Taf.). – Abh. **28** ('03) Nr. 4, 199–318.

– Zur weiteren Kenntnis der Nervenendfüße und zur Struktur der Sehzellen (m. 2 Taf.). – Abh. **29** ('04) Nr. 2, 143–185.

– Über den Vorgang der Befruchtung bei Ascaris megalocephala. – Ber. **64** ('12) 29–34.

– Die Mikrosomen der Spermien von Mensch und Meerschwein (m. 2 Lichtdrucktaf.). – Ber. **68** ('16) 205–216.

– Nekrolog für Carl Rabl, gesprochen am 14. Nov. 1918. – Ber. **70** ('18) 363–380.

– Über die Entwicklung des Axenskeletts der Wirbeltiere (m. 8 Taf.). – Abh. **38** ('21) Nr. 5, 29 S.

– Die Entspannung der Basilarmembran, ein Experiment zur Theorie des Gehörorganes (m. F. Kleinknecht). – Ber. **77** ('25) 137–140.

– Nekrolog für Paul Flechsig, gesprochen am 16. Nov. 1929. – Ber. **81** ('29) 269–276.

Helferich, Burckhardt, *seit 23. 2. 1931 o. Mitgl., 1943–1944 Sekretar d. math.-naturwiss. Klasse, seit 1945 auswärt. Mitgl.:* Nachruf auf Carl Paal, gesprochen am 22. Juni 1935. – Ber. **87** ('35) 207–212.

– Nachruf auf Arthur Hantzsch, gesprochen am 16. Nov. 1935. – Ber. **87** ('35) 213–222.

– Über Anwesenheit und Bedeutung von Kohlehydraten in Glykosidasen (m. W. Richter, S. Grünler) (m. 6 Fig.). – Ber. **89** ('37) 385–396.

– Zur Kenntnis des Schneckenemulsins (m. Joachim Goerdeler) (m. 6 Fig.). – Ber. **92** ('40) 75–106.

Helferich, Burckhardt. Zum Gedächtnis an Hans Stobbe (1860–1938). Nachruf, gehalten am 15. Juni 1940. — Ber. **92** ('40) 115–118.
— Über Kefiremulsin. — Ber. **95** ('43) 135–144.

Heller, Gustav: Über die Konstitution des Anthranils. (Experimenteller Teil mit Erich Grünthal). Mitteilung aus dem Laboratorium für angewandte Chemie von E. Beckmann, Leipzig. — Ber. **62** ('10) 46–56.

Hennig, Hellmut: Einige Verbesserungen der Rohrfüllung der mikroanalytischen Kohlenstoff-Wasserstoffbestimmung nach F. Pregl (m. 2 Fig.). — Ber. **85** ('33) 182–192.

Hentschel, Hans: Ein neuer Kristall-Feinbautyp (m. F. Rinne). — Ber. **79** ('27) 3–4.
— Über die Kristallstruktur des Kobalti-Hexamminjodid (m. F. Rinne). — Ber. **79** ('27) 5–56.
— Über die petrographische Ableitung der Frankenberg-Mobendorfer Kristallinscholle des Sächsischen Zwischengebirges (m. 1 Taf.). — Ber. **84** ('32) 281–288.
— Über zusammengesetzte Gänge des Meißener Granits im Großenhainer Gneiszug und ihre Metamorphose (m. 10 Fig.). — Ber. **86** ('34) 215 bis 240.

Herglotz, Gustav, *seit 12. 12. 1914 o. Mitgl., seit 1925 auswärt. Mitgl., gest. 22. 3. 1953:* Über Potenzreihen mit positivem, reellen Teil im Einheitskreis. — Ber. **63** ('11) 501–514.
— Zur Einsteinschen Gravitationstheorie. — Ber. **68** ('16) 199–203.
— Über die Nullstellen der hypergeometrischen Funktion. — Ber. **69** ('17) 510–525.
— Zum Gedächtnis an Heinrich Bruns (1848–1919). — Ber. **71** ('19) 365 bis 374.
— Zum Gedächtnis an Martin Krause 1851–1920. — Ber. **72** ('20) 103–106.
— Zur Riemannschen Metrik. — Ber. **73** ('21) 215–225.
— Zur letzten Eintragung im Gaußschen Tagebuch. — Ber. **73** ('21) 271–276.
— Über das quadratische Reziprozitätsgesetz in imaginären quadratischen Zahlkörpern. — Ber. **73** ('21) 303–310.
— Über die Wurzeln trinomischer Gleichungen. — Ber. **74** ('22) 1–8.
— Zum Gedächtnis an Johannes Thomae 1840–1921, gehalten am 1. Juli. 1922. — Ber. **74** ('22) 157–160.
— Über die Entwicklungskoeffizienten der Weierstraßschen $\wp$-Funktion. — Ber. **74** ('22) 269–289.
— Über die Kroneckersche Grenzformel für reelle, quadratische Körper. — Ber. 75 ('23) 3–14, 31–37.
— Über die Integration linearer, partieller Differentialgleichungen mit konstanten Koeffizienten, 1: Anwendung Abelscher Integrale. — Ber. **78** ('26) 93–126.
∼ 2: Anwendung Fourierscher Integrale. — Ber. **78** ('26) 287–318.
∼ 3: Anwendungen. — Ber. **80** ('28) 69–114.

Hering, Ewald, *seit 31. 1. 1896 o. Mitgl., gest. 27. 1. 1918:* Über die Grenzen der Sehschärfe. — Ber. **51** N ('99) 16–24.

Hill, Kurt: Über Luzerne-Emulsin (m. 2 Fig.). — Ber. **86** ('34) 115–128.

His, Wilhelm, *seit 23. 4. 1875 o. Mitgl., 1902–1904 Sekretar der math.-phys. Klasse, gest. 1. 5. 1904:* Über Zellen- und Syncytienbildung, Studien am Salmonidenkeim (m. 14 Fig.). — Abh. **24** ('98) Nr. 5, 399–468.

— Protoplasmastudien am Salmonidenkeime (m. 3 Taf., 21 Fig.). — Abh. **25** ('99) Nr. 3, 157–218.

— Lecithoblast und Angioblast der Wirbeltiere. Histogenetische Studien (m. 102 Fig.). — Abh. **26** ('00) Nr. 4, 171–328.

— Beobachtungen zur Geschichte der Nasen- und Gaumenbildung beim menschlichen Embryo (m. 48 Fig.). — Abh. **27** ('01) Nr. 3, 349–389.

— Antrag an die Internationale Association der Akademien auf Bestellung einer Fach-Commission für menschliche und thierische Entwicklungsgeschichte. — Ber. **53** ('01) 77–82.

— Über wissenschaftliche Centralanstalten und speciell über Centralanstalten zur Förderung der Gehirnkenntnis. — Ber. **53** ('01) 413–436.

— Zur Vorgeschichte des deutschen Kartells und der internationalen Association der Akademien. — Ber. **54** ('02) Sonderheft, 33 S.

— Bericht an die Kgl. Sächsische Gesellschaft der Wissenschaften über die am 5. Juni 1903 in London abgehaltene Sitzung der von der internationalen Association der Akademien niedergesetzten Kommission zur Gehirnerforschung (m. P. Flechsig). — Ber. **55** ('03) 156–163.

— Protokoll der von der internationalen Association der Akademien niedergesetzten Centralkommission für Gehirnforschung. — Ber. **56** ('04) 2–4.

Höhne, Ernst: Bestimmung ätherlöslicher Säuren im Harn (m. R. Emmrich) (m. 1 Fig.). — Ber. **92** ('40) 3–18.

Hölder, Ernst, *seit 1. 7. 1948 o. Mitgl., später auswärt. Mitgl.:* Über einige Integralgleichungen aus der Theorie der Gleichgewichtsfiguren rotierender Flüssigkeiten mit Anwendung auf Stabilitätsbetrachtungen. — Ber. **78** ('26) 55–72.

— Beiträge zur mathematischen Theorie der Gestalt des Erdmondes. — Ber. **78** ('26) 73–88.

— Die Verzweigungsgleichungen für die kritischen Kreise des restringierten Dreikörperproblems. — Ber. **83** ('31) 179–184.

— Poissonsche Wellenformel in nichteuklidischen Räumen. — Ber. **90** ('38) 55–66.

— Symmetrische Behandlung des Cauchyschen Anfangswertproblems bei einer Monge-Ampèreschen Differentialgleichung vom hyperbolischen Typ. — Ber. **94** ('42) 57–70.

Hölder, Otto, *seit 31. 7. 1899 o. Mitgl., 1906–1915 stellvertret. Sekretar, 1916 bis 1919 Sekretar, gest. 29. Aug. 1937:* Die Axiome der Quantität und die Lehre vom Maß. — Ber. **53** ('01) 1–64.

Hölder, Otto. Nekrolog auf Adolph Mayer, gesprochen in der öffentlichen Gesamtsitzung beider Klassen am 14. Nov. 1908. — Ber. **60** ('08) 353–374.
— Streckenrechnung und projektive Geometrie (m. 89 Fig.). — Ber. **63** ('11) 65–186.
— Bedingungen des analytischen Charakters für reelle Funktionen reellen Arguments (m. 6 Fig.). — Ber. **63** ('11) 388–401.
— Die Cauchysche Randwertaufgabe für den Kreis in der Potentialtheorie. — Ber. **63** ('11) 477–500.
— Über einige Determinanten. — Ber. **65** ('13) 110–120; **66** ('14) 98–102.
— Karl Rohn. Nekrolog gesprochen am 13. Nov. 1920. — Ber. **72** ('20) 107–127.
— Der angebliche circulus vitiosus und die sogenannte Grundlagenkrise in der Analysis. — Ber. **78** ('26) 243–250.
— Über gewisse Hilfssätze der Potentialtheorie und das alternierende Verfahren von Schwarz (m. 8 Fig.). — Ber. **77** ('25) 61–73; **78** ('26) 240 bis 242.
— Nachruf auf C. Neumann, gesprochen am 14. Nov. 1925. — Ber. **77** ('25) 154–180.
— Bemerkungen über die Herleitung einiger elementaren Formeln. — Ber. **80** ('28) 117–121.
— Über eine von Abel untersuchte Transzendente und eine merkwürdige Funktionalbeziehung (m. 2 Fig.). — Ber. **80** ('28) 312–325.
— Der indirekte Beweis in der Mathematik (m. 4 Fig.). — Ber. **81** ('29) 201–216; ~ (m. 4 Fig.). — Ber. **82** ('30) 97–104.
— Ein Versuch im Gebiet der höheren Mächtigkeiten. — Ber. **82** ('30) 83–96.
— Einige Sätze über die größten Ganzen. — Ber. **82** ('30) 159–170.
— Über gewisse Teilsummen $\Sigma\, \varphi(n)$. — Ber. **83** ('31) 175–178.
— Zur Theorie der zahlentheoretischen Funktion $\mu(n)$. — Ber. **83** ('31) 321–328.
— Über eine Art von Reziprozität bei summatorischen Funktionen. — Ber. **83** ('31) 329–332.
— Über gewisse der Möbiusschen Funktion $\mu(n)$ verwandte zahlentheoretische Funktionen, die Dirichletsche Multiplikation und eine Verallgemeinerung der Umkehrungsformeln. — Ber. **85** ('33) 3–28.
— Nachruf auf Leon Lichtenstein, gehalten am 30. Juni 1934. — Ber. **86** ('34) 307–314.
— Zur Theorie der Gaußschen Summe. — Ber. **87** ('35) 27–36.
— Bemerkungen zu einer Dirichletschen Frage. — Ber. **87** ('35) 81–84.
— Über eine Verallgemeinerung der binomischen Formel. — Ber. **88** ('36) 61–66.
— Elementare Herleitung einer dem binomischen Satz verwandten Formel. — Ber. **88** ('36) 133–134.
— Über eine Darstellung der Eulerschen Konstanten. — Ber. **89** ('37) 167–170.

Höpfner, Willibald: Tektonik der Granite der vogtländischen Zone (m. 34 Abb. [3 Taf.]). — Abh. **41** ('29) Nr. 1, 71 S.

Hoffmann, C.: Beiträge zur Ultrafiltertheorie des Plasmas (m. W. Ruhland). — Ber. **76** ('24) 47–62.

Hoffmann, Gerhard, *seit 20. 11. 1937 o. Mitgl., gest. 18. 6. 1945:* Nachruf auf Max Wien, gesprochen am 26. Nov. 1938. — Ber. **90** ('38) 225–234.

— Grenz-Elektrometrie und ihre Anwendung (m. 2 Fig.). — Ber. **92** ('40) 133–138.

— Über eine neue Methode zur Messung sehr kleiner Elektrizitätsmengen (1 Abb.). — Ber. **93** ('41) 40–42.

Hopf, Eberhard, *seit 26. 11. 1938 o. Mitgl., seit 1944 auswärt. Mitgl.:* Statistik der geodätischen Linien in Mannigfaltigkeiten negativer Krümmung. — Ber. **91** ('39) 261–304.

— Abzweigung einer periodischen Lösung von einer stationären Lösung eines Differentialsystems. — Ber. **94** ('42) 3–22.

Hopmann, Josef, *1. 7. 1932 bis 1945 o. Mitgl.:* Beschreibung und Untersuchung eines visuellen Astrophotometers (m. 4 Abb.). — Abh. **41** ('31) Nr. 4, 31 S.

— Photometrische und kolorimetrische Untersuchungen an ζ-Aurigae (m. 15 Fig.). — Ber. **85** ('33) 117–138.

— Photometrische Versuche am Orionnebel (m. 10 Abb.). — Abh. **42** ('34) Nr. 2, 25 S.

— Nachruf auf Julius Bauschinger, gehalten am 30. Juni 1934. — Ber. **86** ('34) 299–306.

— Das Sternsystem Zeta Aurigae (m. W. Schaub) (m. 45 Abb.). — Abh. **42** ('36) Nr. 6, 101 S.

— Kolorimetrisch-photometrische Untersuchungen. — Ber. **89** ('37) 9–44.

— Die Streuung der absoluten Größen bei den Sternen der Hauptreihe (m. 2 Taf.). — Ber. **90** ('38) 175–224.

— Statistik von 2200 visuellen Doppelsternen (m. 2 Fig.). — Ber. **93** ('41) 161–182.

— Die Bestimmung der Systemkonstanten langperiodischer visueller Doppelsterne. — Abh. **43** ('45) Nr. 3, 52 S.

Hueck, Werner, *seit 1. 7. 1925 o. Mitgl., 1945–1948 stellvertret. Sekretar, später auswärt. Mitgl.:* Nachruf auf Ernst Joest, gehalten am 13. Nov. 1926. — Ber. **78** ('26) 327–347.

— Nachruf auf Felix Marchand, gesprochen am 30. Juni 1928. — Ber. **80** ('28) 337–356.

— Halbseitiger Riesenwuchs als Doppelbildung. Ein Versuch seiner entstehungsgeschichtlichen Klärung (m. 5 Fig.). — Ber. **83** ('31) 19–25.

— Über die Bedeutung der menschlichen Doppelbildungen, insbesondere für eine Logik der Morphologie (m. 4 Fig.). — Ber. **83** ('31) 77–88.

Hund, Friedrich, *seit 18. 11. 1933 o. Mitgl., 1945–46 Sekretar, später auswärt. Mitgl.:* Über die Zustände der Elektronen in einem Kristallgitter,

insbesondere beim Diamant (m. B. Mrowka) (m. 10 Abb.). — Ber. **87** ('35) 185–206.
∼ 2: Energiebänder in einfachen Gittern (m. B. Mrowka) (m. 17 Fig.). — Ber. **87** ('35) 325–350.

Jahnke, Eugen: Neue Methode zur Herleitung der Differentialbeziehungen für Thetafunktionen von zwei Argumenten. — Ber. **52** ('00) 140–151.

Jaschwili, D.: Über die Einwirkung von peripheren Temperaturreizen auf die direkte Erregbarkeit des sensiblen Hautnerven. — Ber. **79** ('27) 192–196.

— Zur Frage der Wirkung des Sympathikus auf die Skelettmuskulatur (m. 3 Fig.). — Ber. **80** ('28) 300–311.

Jonas, Hans: Über die Verallgemeinerung des in der Biegungstheorie der Flächen zweiten Grades auftretenden intrinseken Transformationsprozesses *H*. — Ber. **87** ('35) 41–78.

Junge, Martha Elisabeth: Über zweistämmige Transformationsgruppen. — Ber. **78** ('26) 399–444.

— Eine neue Auffassung der natürlichen Geometrie K. Ch. F. Krauses. — Ber. **79** ('27) 124–136.

Kähler, Erich, *seit 14. 2. 1949 o. Mitgl., später auswärt. Mitgl.:* Die Reduktion des Dreikörperproblems in geometrischer Form dargestellt (m. 2 Fig.). — Ber. **78** ('26) 251–255.

— Über ein geometrisches Kennzeichen der analytischen Abbildungen im Gebiete zweier Veränderlichen. — Ber. **80** ('28) 286–290.

Kämpf, Felix: Doppelbrechung in Kundtschen Spiegeln und Doppelbrechung von Metallspiegeln durch Zug. — Ber. **56** ('04) 123–125.

Kapfhammer, Joseph: Ein Beitrag zur Ermittlung des Aufbaus der Proteine (m. K. Thomas). — Ber. **77** ('25) 181–188.

Kemter, Max: Ätz- und Lösungserscheinungen an Cölestin (m. F. Rinne) (m. 15 Fig.). — Ber. **72** ('20) 56–64.

Kirchner, F.: Über beobachtete Absorptions- und Farbenänderungen infolge von Abstandsänderungen der absorbierenden Teilchen (m. 2 Taf.). — Ber. **54** ('02) 261–266.

Kirmse, Johannes: Über die Darstellbarkeit natürlicher ganzer Zahlen als Summen von acht Quadraten und über ein mit diesem Problem zusammenhängendes nichtkommutatives und nichtassoziatives Zahlensystem. — Ber. **76** ('24) 63–82; **80** ('28) 33–34.

Kleinknecht, Fritz: Beiträge zur Vokallehre, 3: Die automatische harmonische Analyse der gesungenen Vokale (m. S. Garten) (m. 4 Taf., 5 Textfig.). — Abh. **38** ('21) Nr. 9, 43 S.

— Die Entspannung der Basilarmembran, ein Experiment zur Theorie des Gehörorganes (m. H. Held). — Ber. **77** ('25) 137–140.

Klemm, Gottfried: Stoffwechselversuche mit Pimelinsäure. — Ber. **95** ('43) 37–44.

Klinge, Fritz: Über den Begriff des „Rheumatischen" vom pathologisch-anatomischen und allgemein pathologischen Standpunkt (m. 1 Taf.). — Ber. **83** ('31) 201–216.

Knoblauch, Johannes: Zur Abzählung der Biegungskovarianten. — Ber. **59** ('07) 372–377.

Knüpper, Heinz: Wirkung großer Mengen Traubenzucker bei intravenöser Dauerinfusion (m. E. Bauer). — Ber. **86** ('34) 339–350.

Koebe, Paul, *seit 2. 5. 1927 o. Mitgl., gest. 6. 8. 1945:* Zur Begründung der Kontinuitätsmethode. — Ber. **64** ('12) 59–62.

— Lösung der Randwertaufgabe der Potentialtheorie für Kreisring, Ellipse und Rechteck mittels des Poissonschen Integrals. — Ber. **65** ('13) 210–213.

— Zur Theorie der konformen Abbildung und Uniformisierung. — Ber. **66** ('14) 67–75.

— Hydrodynamische Potentialströmungen in mehrfach zusammenhängenden ebenen Bereichen im Zusammenhang mit der konformen Abbildung solcher Bereiche. — Ber. **87** ('35) 287–318.

— Kontaktprobleme der konformen Abbildung (m. 16 Fig.). — Ber. **88** ('36) 141–164.

— Iterationstheorie der niederen Uniformisierungsgrößen (m. 14 Fig.). — Ber. **89** ('37) 173–204.

— Iterationstheorie der hyperbolischen Uniformisierungsgrößen vom Geschlecht null (m. 6 Fig.). — Ber. **91** ('39) 135–192.

— Zur allgemeinen Iterationstheorie der Uniformisierung algebraischer Funktionen. — Ber. **93** ('41) 43–66.

König, Robert, *seit 31. 7. 1934 o. Mitgl., seit 1945 auswärt. Mitgl.:* Zur arithmetischen Theorie der auf einem algebraischen Gebilde existierenden Funktionen. — Ber. **63** ('11) 348–368.

— Über 3. und 4. Potenzreste. — Ber. **64** ('12) 237–256.

— Über die Perioden der Integrale multiplikativer Funktionen. Voranzeige. — Ber. **68** ('16) 56–57.

— Über affine Geometrie, 24: Ein Beitrag zu ihrer Grundlegung. Ber. **71** ('19) 3–19.

— Axiomatischer Aufbau der Operationen im Tensorraum (m. E. Peschl), 1. — Ber. **86** ('34) 129–154; ∼ 2: 267 –298; ∼ 3: 383–410; ∼ 4 (m. K. H. Weise). — Ber. **87** ('35) 223–250.

— Über die Umkehrung einer trigonometrischen Reihe (m. 10 Fig.). — Ber. **90** ('38) 69–82.

— Zur konformen Abbildung zweier Flächen mit beliebigen Parametern (m. K. H. Weise). — Ber. **92** ('40) 19–32.

Königl. Sächs. Gesellschaft der Wissenschaften: An die Royal Society in London als leitende Gesellschaft der internationalen Association der Akademien. — Ber. **54** ('02) 14–16.

Kossmat, Franz, *seit 12. 12. 1914 o. Mitgl., gest. 1. Dez. 1938:* Bericht über eine geologische Studienreise in den Kreisen Mitrovica, Novipazar und Prijepolje, Altserbien (m. 1 Karte, 2 Profilen). — Ber. **68** ('16) 157 bis 178.
— Mitteilungen über den geologischen Bau von Mittelmazedonien (m. 1 Kartentafel u. 7 Abb.). — Ber. **70** ('18) 246–286.
— Nekrolog auf Richard Beck, gesprochen am 14. Nov. 1919. — Ber. **71** ('19) 347–364.
— Die mediterranen Kettengebirge in ihrer Beziehung zum Gleichgewichtszustande der Erdrinde (m. 1 Taf., 6 Fig.). — Abh. **38** ('21) Nr. 2, 62 S.
— Beiträge zur Kenntnis der Lausitzer Störung und ihrer Vorgeschichte (m. 3 Fig.). — Ber. **74** ('22) 9–24.
— Tektonische Bemerkungen zum Isostasieproblem (m. 2 Taf., 2 Fig.). — Ber. **78** ('26) 35–52.

Kowalewski, Gerhard, *seit 2. 5. 1927 o. Mitgl., später auswärt. Mitgl., gest. 21. 2. 1950:* Über eine Kategorie von Transformationsgruppen einer vierdimensionalen Mannigfaltigkeit. — Ber. **50** M ('98) 60–111.
— Die primitiven Transformationsgruppen in fünf Veränderlichen. — Ber. **51** M ('99) 69–144.
— Über Systeme von Pfaff'schen Gleichungen mit einer primitiven Transformationsgruppe. — Ber. **51** M ('99) 265–295.
— Elementvereine und Streifenelemente im R_{n+1}. — Ber. **52** ('00) 91–104.
— Einige Bemerkungen zur Theorie der stetigen Funktionen einer reellen Veränderlichen. — Ber. **52** ('00) 214–219.
— Über Systeme von Pfaff'schen Gleichungen. — Ber. **53** ('01) 179–214.
— Über Fußpunktcurven von Ovalen mit Mittelpunkt (m. 1 Fig.). — Ber. **53** ('01) 333–337.
— Über das Kroneckersche Integral für die Charakteristik eines Funktionensystems. — Ber. **54** ('02) 267–271.
— Über die projektive Gruppe der Normkurve und eine charakteristische Eigenschaft des sechsdimensionalen Raumes. — Ber. **54** ('02) 371–392.
— Über projektive Transformationsgruppen (m. 1 Fig.). — Ber. **55** ('03) 97–107.
— Über gewisse Scharen unendlicher Reihen und eine Verallgemeinerung des Begriffs der gleichmäßigen Konvergenz. — Ber. **57** ('05) 154–160.
— Über den Cauchy-Goursatschen Satz. — Ber. **58** ('06) 194–199.
— Eine charakteristische Eigenschaft der projektiven Gruppe des Nullsystems. — Ber. **58** ('06) 237–245.
— Über die projektive Gruppe einer Mannigfaltigkeit zweiten Grades. — Ber. **58** ('06) 394–414.
— Umkehrung einer Transformation und implizite Funktionen. — Ber. **60** ('08) 10–19.
— Natürliche Normalformen linearer Transformationen. — Ber. **69** ('17) 325–335.

Kowalewski, Gerhard. Grundlegende Sätze der natürlichen Geometrie ebener Transformationsgruppen. — Ber. **73** ('21) 311–326.
— Grundlegende Eigenschaften der Differentialinvarianten ebener Transformationsgruppen und eine neue Methode zu ihrer Bestimmung. — Ber. **74** ('22) 61–83.
— Zur natürlichen Geometrie ebener Transformationsgruppen. — Ber. **74** ('22) 84–90.
— Bolzanos Verfahren zur Herstellung einer nirgends differenzierbaren stetigen Funktion. — Ber. **74** ('22) 91–95.
— Übertragung des Trajektorienproblems auf beliebige ebene Transformationsgruppen. — Ber. **75** ('23) 15–24.
— Über die Bogen- und Flächenelemente gewisser Gruppentypen der Ebene. — Ber. **75** ('23) 81–85.
— Invariante Differentialgleichungen und Differentialinvarianten bei Gruppen ebener Berührungstransformationen. — Ber. **75** ('23) 86–90.
— Beiträge zur Theorie der Differentialinvarianten. — Ber. **75** ('23) 144 bis 148.
— Integrationslose Berechnung invarianter Differentialgebilde bei ebenen Transformationsgruppen. — Ber. **75** ('23) 149–153.
— Über die Liesche Determinante Δ und ihre Bedeutung für die Differentialinvarianten. — Ber. **76** ('24) 3–14.
— Zur natürlichen Geometrie einer Gruppe von Berührungstransformationen. — Ber. **76** ('24) 15–25.
— Explizite Darstellung der Differentialinvarianten ebener Transformationsgruppen. — Ber. **76** ('24) 26–46.
— Kurven mit linearer natürlicher Gleichung. — Ber. **76** ('24) 226–243.
— Über Liesche Determinanten bei räumlichen Transformationsgruppen. — Ber. **77** ('25) 3–16.
— Über die Pfaffschen Grundinvarianten räumlicher Transformationsgruppen. — Ber. **77** ('25) 17–24.
— Integrationslose Berechnung von Differentialinvarianten gewisser Transformationsgruppen des Raumes. — Ber. **77** ('25) 99–116.
— Integrationslose Berechnung von Differentialinvarianten räumlicher Transformationsgruppen. — Ber. **77** ('25) 117–132.
— Über zwei unendliche Transformationsgruppen der Ebene. — Ber. **78** ('26) 3–6.
— Geometrisches über die Pickschen Fundamentalgrößen. — Ber. **78** ('26) 319–326.
— Das Liesche Verfahren zur Erzeugung endlicher linearer Transformationen aus ihrem Keim. — Ber. **80** ('28) 3—7.
— Projektive Differentialinvarianten der Raumkurven und natürliche projektive Geometrie des Raumes. — Ber. **80** ('28) 8–32.
— Überführung linearer Differentialgleichungen in Integralgleichungen. — Ber. **80** ('28) 224–236.

Kowalewski, Gerhard. Bestimmung einer Kurve aus ihrer natürlichen Gleichung. — Ber. **80** ('28) 237–250.

— Über lineare Differentialsysteme mit konstanten Koeffizienten. — Ber. **80** ('28) 359–366.

— Verallgemeinerung des Begriffs der Rollkurven. — Ber. **81** ('29) 11–19; **81** ('29) 87–110.

— Normalform einer nichtaffinen Projektivität zwischen zwei Ebenen. — Ber. **81** ('29) 20–26.

— Über die Simpsonsche Regel. — Ber. **83** ('31) 10–18.

— Über die Newtonschen Quadraturformeln. — Ber. **83** ('31) 143–164.

— Beiträge zur natürlichen Geometrie. — Ber. **83** ('31) 298–320.

— Über die Gaußsche Integralapproximation. — Ber. **86** ('34) 189–198.

Krause, Arthur: Studien über das Verhalten von Taschenuhren. — Ber. **58** ('06) 247–291.

Krause, Martin, *seit 2. 12. 1889 o. Mitgl., gest. 2. 3. 1920:* Zur Transformation der Thetafunctionen. V. — Ber. **48** ('96) 291–310; **56** ('04) 126–138.

— Über verallgemeinerte Lamé-Hermite'sche Differentialgleichungen für den Fall zweier veränderlicher Größen. — Ber. **50 M** ('98) 192–206, 232–45.

— Über Orthogonalsysteme im Gebiete der Thetafunctionen. — Ber. **53** ('01) 65–75, 105–123.

— Nekrolog auf Oscar Schlömilch. Gesprochen am 14. Nov. 1901. — Ber. **53** ('01) 507–520.

— Zur Theorie der ultra-bernoullischen Zahlen und Funktionen. — Ber. **54** ('02) 139–205.

— Über Bernoullische Zahlen und Funktionen im Gebiete der Funktionen zweier veränderlichen Größen. — Ber. **55** ('03) 39–62.

— Über Fouriersche Reihen mit zwei veränderlichen Größen. — Ber. **55** ('03) 164–197.

— Über Mittelwertsätze im Gebiete der Doppelsummen und Doppelintegrale. — Ber. **55** ('03) 239–263.

— Anwendungen der elliptischen Funktionen auf die Theorie der Kurbelbewegung (m. 1 Fig.). — Ber. **56** ('04) 273–288.

— Zur Theorie der Funktionen zweier veränderlicher Größen. — Ber. **57** ('05) 107–152.

— Über die Darstellung der stetigen Funktionen durch Reihen von ganzen rationalen Funktionen (m. 1 Fig.). — Ber. **58** ('06) 2–18.

— Zur Theorie der Gelenksysteme (m. 1 Fig.). — Ber. **59** ('07) 313–332. ∼ 2 (m. 1 Fig.). — Ber. **60** ('08) 132–144.

— Nekrolog auf Gustav Zeuner, vorgelegt in der öffentlichen Gesamtsitzung beider Klassen am 14. Nov. 1908. — Ber. **60** ('08) 339–352.

— Zur Theorie der affin veränderlichen ebenen Systeme. — Ber. **63** ('11) 271–290.

— Über räumliche Bewegungen mit ebenen Bahnkurven. — Ber. **63** ('11) 515–533.

Krenkel, Erich: Bericht über eine Forschungsexpedition in Deutsch-Ostafrika (m. 4 Fig., 1 Taf.). — Ber. **71** ('19) 193–224.

Krüger, Willy: Ätz- und Lösungserscheinungen am Aragonit (m. F. Rinne). (m. 13 Fig.). — Ber. **74** ('22) 253–268.

Kühnau, Wolfram Wilhelm: Ein Beitrag zur Frage der Fettbildung aus Zucker. Gaswechseluntersuchungen am Hund bei intravenöser Dauerinfusion von Glukose (m. W. Türkheim, G. Logaras) (m. 4 Fig.). — Ber. **91** ('39) 25–60.

Küstner, Herbert: Zur Kontinuitätsmethode in der Theorie der konformen Abbildung (m. 7 Fig.). — Ber. **92** ('40) 51–72.

Kulaszewski, Charlotte: Über Ätz- und Lösungserscheinungen an Turmalin (m. F. Rinne) (m. 11 Fig.). — Ber. **72** ('20) 48–55.

— Über die Kristallstruktur des Turmalins (m. F. Rinne) (m. 10 Fig.). — Abh. **38** ('21) Nr. 3d, 35 S.

Lachmann, Hans: Verfahren zur intravenösen Dauerinfusion am Hund (m. B. Flaschenträger u. a.) (m. 1 Fig.). — Ber. **86** ('34) 207–214.

Lagally, Max, *seit 19. 6. 1943 o. Mitgl., gest. 31. 1. 1945:* Die Frenetschen Formeln im Riemannschen Raum. — Ber. **77** ('25) 74–79.

Lammert, Luise: Über die Superposition von Sinusschwingungen. 1. Kap. in L. Weickmann, Wellen im Luftmeer. — Abh. **39** ('24) Nr. 2, 6 S.

Lamprecht, Friedrich: Die Schichtlagerung des Turons im sächsisch-böhmischen Elbsandsteingebirge (m. 4 Abb., 3 Taf.). — Ber. **86** ('34) 155–186.

Landau, Edmund: Die Identität des Cesàroschen und Hölderschen Grenzwertes für Integrale. — Ber. **65** ('13) 131–138.

— Neuer Beweis eines Hauptsatzes aus der Theorie der Dirichletschen Reihen. — Ber. **69** ('17) 336–343.

— Ein Konvergenzkriterium für Integrale. — Ber. **69** ('17) 344–348.

— Über die Blaschkesche Verallgemeinerung des Vitalischen Satzes. — Ber. **70** ('18) 156–159.

Lange [Berlin]: Ein elementarer Beweis des Reciprocitätssatzes. — Ber. **48** ('96) 629–633; Ber. **49** ('97) 607–611.

Le Blanc, Max, *seit 17. 6. 1907 o. Mitgl., 1920–1937 Sekretar, gest. 31. 7. 1943:* Über die Löslichkeit der Würfel- und Oktaederfläche des Steinsalzes (m. G. von Elissafoff). — Ber. **65** ('13) 199–209.

— Die Wirkung der stillen elektrischen Entladung auf Gasgemische von Wasserstoff und Stickstoff (m. 1 Fig.). — Ber. **66** ('14) 38–63.

— Das Tyndallphänomen in Flüssigkeiten. Nach Versuchen von P. Wolski. — Ber. **72** ('20) 24–27.

— Über Schwefelsäureanhydrid, ein chemisches Chamäleon (m. C. Rühle) (m. 11 Fig.). — Ber. **74** ('22) 106–144.

— Studien über Sn-Bi- und Sn-Cd-Legierungen in festem Zustande unter besonderer Berücksichtigung stabiler Gleichgewichtseinstellungen bei verschiedenen Temperaturen (m. B. Naumann, D. Tschesno) (m. 21 Fig.). — Ber. **79** ('27) 71–106.

Le Blanc, Max. Starke Leitfähigkeitszunahme von Nickeloxyd bei Aufnahme von Sauerstoff (m. H. Sachse) (m. 3 Fig.). — Ber. 82 ('30) 133–140.

— Über die Elektronenleitfähigkeit von festen Oxyden verschiedener Valenzstufen (m. H. Sachse) (m. 1 Fig.). — Ber. **82** ('30) 153–158.

— Ist das Schmelzen kristallisierter Körper mit einer Vor- und einer Nachgeschichte verbunden? (m. E. Möbius) (m. 6 Fig.). — Ber. **85** ('33) 75–96.

Lemmel, Hans: Verfahren zur intravenösen Dauerinfusion am Hund (m. B. Flaschenträger u. a.) (m. 1 Fig.). — Ber. **86** ('34) 207–214.

Lettau, Heinz: Bericht über die Dozenten-Afrikareise 1938 (m. 15 Fig.). — Ber. **91** ('39) 119–134.

Levi, Friedrich: Kubische Zahlkörper und binäre kubische Formenklassen. — Ber. **66** ('14) 26–37.

— Die gegenseitige Lage von 5 und 6 Punkten in der projektiven Ebene. — Ber. **74** ('22) 34–39.

— Beiträge zu einer Analysis der stetigen periodischen Kurven mit Anwendung auf die Topologie der Kurven auf zweiseitigen Flächen (m. 1 Fig.). — Ber. **75** ('23) 62–67.

— Über stetige periodische Kurven und geschlossene Kurven auf Flächen endlichen Zusammenhangs. — Ber. **75** ('23) 127–131.

— Die Teilung der projektiven Ebene durch Gerade oder Pseudogerade (m. 2 Fig.). — Ber. **78** ('26) 256–267.

— Ränder topologischer Räume (m. R. Baer.) — Ber. **82** ('30) 171–189.

Lichtenecker, Karl: Über eine Analogie im Verhalten leitender und nichtleitender Mischkörper (m. 7 Fig.). — Ber. **76** ('24) 244–260.

— Statistischer Ansatz für die Entropie eines idealen Gases (m. 3 Fig.). — Ber. **77** ('25) 189–198.

Lichtenstein, Leon, *seit 8. 6. 1925 o. Mitgl., gest. 21. 8. 1933:* Über ein spezielles Problem der Variationsrechnung. — Ber. **79** ('27) 137–144.

— Mathematisches über die Gestalt des Weltmeeres (m. 5 Fig.). — Ber. **79** ('27) 197–214.

— Kosmogonische Untersuchungen, 1: Eine aus zwei Einzelmassen, die einen Punkt gemeinsam haben, bestehende Gleichgewichtsfigur nichthomogener Flüssigkeit (m. 3 Fig.). — Ber. **80** ('28) 35–68.

— Die Philosophie von Emile Meyerson. — Ber. **80** ('28) 275–285.

— Über einige Hilfssätze der Potentialtheorie, 2. — Ber. **78** ('26) 147–212.
∼ 3. — Ber. **78** ('26) 212–239.
∼ 4. — Ber. **82** ('30) 265–344.

Lie, Sophus, *seit 28. 5. 1886 o. Mitgl., seit 1898 auswärt. Mitgl., gest. 18. 2. 1899:* Die infinitesimalen Berührungstransformationen der Optik. — Ber. **48** ('96) 131–133.

Lie, Sophus. Die Theorie der Translationsflächen und das Abel'sche Theorem. — Ber. **48** ('96) 141–198.
— Zur allgemeinen Transformationstheorie, 1: Über Differentialgleichungen, die eine continuirliche Gruppe gestatten. — Ber. **48** ('96) 390–404. ~ 2: Einige Bemerkungen über Pfaff'sche Ausdrücke und Gleichungen. — Ber. **48** ('96) 405–412.
— Zur Invariantentheorie der Gruppe der Bewegungen. — Ber. **48** ('96) 466–477.
— Das Abel'sche Theorem und die Translationsmannigfaltigkeiten. — Ber. **49** ('97) 181–248.
— Die Theorie der Integralinvarianten ist ein Corollar der Theorie der Differentialinvarianten. — Ber. **49** ('97) 342–357.
— Über Integralinvarianten und ihre Verwerthung für die Theorie der Differentialgleichungen. — Ber. **49** ('97) 369–410.
— Liniengeometrie und Berührungstransformationen. — Ber. **49** ('97) 687–740.
— Zur Geometrie einer Monge'schen Gleichung. — Ber. **50** M ('98) 1–2.
— Über Berührungstransformationen und Differentialgleichungen. — Ber. **50** M ('98) 113–180.

Liebmann, Heinrich, *seit 6. 12. 1909 ao. Mitgl., gest. 12. 6. 1939:* Zur Theorie der erweiterten Berührungstransformationen. — Ber. **51** M ('99) 354–370.
— Ein Satz über endliche einfach zusammenhängende Flächenstücke negativer Krümmung (m. 2 Fig.). — Ber. **52** ('00) 28–36.
— Über die Verbiegung von Rotationsflächen (m. 3 Fig.). — Ber. **53** ('01) 215–234.
— Die Construction des geradlinigen Dreiecks der nichteuklidischen Geometrie aus den drei Winkeln (m. 1 Taf.). — Ber. **53** ('01) 477–491.
— Synthetische Ableitung der Kreisverwandtschaften in der Lobatschefskijschen Geometrie. — Ber. **54** ('02) 244–260.
— Die Kegelschnitte und die Planetenbewegung im nichteuklidischen Raum (m. 14. Fig.). — Ber. **54** ('02) 393–423.
— Über die Zentralbewegung in der nichteuklidischen Geometrie. — Ber. **55** ('03) 146–155.
— Über den Fundamentalsatz der Statik ebener Fachwerke (m. 2 Fig.). — Ber. **58** ('06) 50–59.
— Zur nichteuklidischen Geometrie (m. 3 Fig.). — Ber. **58** ('06) 560–570.
— Elementare Ableitung der nichteuklidischen Trigonometrie (m. 10 Fig.). — Ber. **59** ('07) 187–210.
— Über die von C. Neumann betrachtete Ovalfläche, insbesondere über das logarithmische Potential derselben auf äußere Punkte. — Ber. **59** ('07) 378–386.
— Über die Darstellung eines quellenfreien Vektorfeldes (m. 1 Fig.). — Ber. **60** ('08) 176–189.

Liebmann, Heinrich. Begründung der sphärischen Trigonometrie unabhängig vom Parallelenpostulat, verbunden mit neuer Begründung der hyperbolischen Geometrie (m. 6 Fig.). — Ber. **60** ('08) 289–305.

— Neuer Beweis für die Konstruktion der Lobatschefskijschen Parallelen, auf Grund eines Satzes von Hjelmslev (m. 1 Fig.). — Ber. **62** ('10) 35–41.

— Aus dem Möbiusarchiv. (Mitteilung dreier Schreiben von Gauß und Nachtrag zu Reinhardts Verzeichnis des Archivs). — Ber. **62** ('10) 189–196.

— Berechnung eines gewissen bestimmten Integrals (m. 1 Fig.). — Ber. **62** ('10) 291–295.

— Partielle Differentialgleichungen erster Ordnung im R_3 und im R_4 mit geradlinigen Charakteristiken. — Ber. **64** ('12) 399–419.

— Die äquilonge Extremalentransformation, eine Anwendung der Berührungstransformationen (m. F. Engel). — Ber. **69** ('17) 13–44.

— Über affine Geometrie, 20: Eine charakteristische Eigenschaft gewisser Kegelschnittspaare (m. 1 Fig.). — Ber. **70** ('18) 325–329.

∼ 23: Anwendungen der Differentialinvarianten der ebenen Kurven (m. 2 Fig.). — Ber. **70** ('18) 341–351.

Lilienfeld, Julius E.: Über neuartige Erscheinungen in der positiven Lichtsäule der Glimmentladung (m. 2 Fig). — Ber. **60** ('08) 212–222.

— Die Elektrizitätsleitung im extremen Vakuum, 1 (m. 1 Fig.). — Ber. **63** ('11) 534–539.

∼ 2 (m. 1 Fig.). — Ber. **64** ('12) 420–428.

∼ 3: Die Doppelschicht im Auftreffpunkte der Kathodenstrahlen (m. 7 Fig., 1 Taf.). — Ber. **69** ('17) 45–56.

∼ 4: Entstehung einer weitgehend homogenen Röntgenstrahlung (m. 7 Fig.). — Ber. **69** ('17) 226–261.

[∼ 5]: Röntgenspektren bei verschiedenen Entladungsbedingungen (m. 10 Fig., 1 Taf.). — Ber. **71** ('19) 113–144.

[∼ 6]: Eine neue Art des Elektronenübertritts ins Hochvakuum (m. 7 Fig.). — Ber. **72** ('20) 31–47.

— Eine von der Erhöhung des Zündpotentials freie Röntgenröhre (m. 2 Fig.). — Ber. **66** ('14) 76–79.

— Funkenschlagweiten und Wechselzahl (m. 2 Fig.). — Ber. **71** ('19) 145 bis 159.

Lindner, Rudolf: Untersuchungen, die Lautsprache auf elektrischem Wege fühlbar zu machen (m. 9 Fig.). — Ber. **65** ('13) 82–109.

— Untersuchungen über die Lautsprache zum Artikulationsunterrichte Taubstummer (m. 10 Fig., 4 Taf.). — Ber. **68** ('16) 137–153.

— Über die Auffassung der Lautsprache durch den Tastsinn (m. 2 Fig.). — Ber. **88** ('36) 135–140.

Lipps, Gottlob Fr.: Die Bestimmung der Abhängigkeit zwischen den Merkmalen eines Gegenstandes. — Ber. **57** ('05) 1–32.

Lipps, Gottlob Fr.: Bericht über das Fechner-Archiv. — Ber. **57** ('05) 247–312.
— Zwei Briefe von Wilhelm Weber an G. Th. Fechner über das psychische Maß. — Ber. **57** ('05) 388–395.

Löbell, Frank: Beispiele geschlossener dreidimensionaler Clifford-Kleinscher Räume negativer Krümmung (m. 5 Fig.). — Ber. **83** ('31) 167–174.

Löwner, Karl: Untersuchungen über die Verzerrung bei konformen Abbildungen des Einheitskreises $|z| < 1$, die durch Funktionen mit nicht verschwindender Ableitung geliefert werden. — Ber. **69** ('17) 89—106.

Loewy, Alfred: Über die irreduciblen Factoren eines linearen homogenen Differentialausdruckes. — Ber. **54** ('02) 1–13.

Logaras, Georg: Ein Beitrag zur Frage der Fettbildung aus Zucker. Gaswechseluntersuchungen am Hund bei intravenöser Dauerinfusion von Glukose (m. W. Türkheim, W. W. Kühnau) (m. 4 Fig.). — Ber. **91** ('39) 25–60.

Lorenz, Johannes: Über Vizinalbildungen, Ätz- und Lösungserscheinungen am Apatit (m. F. Rinne) (m. 9 Taf., 23 Fig.). — Ber. **73** ('21) 249–270.

Luckey, Paul: Ṯābit b. Qurra über den geometrischen Richtigkeitsnachweis der Auflösung der quadratischen Gleichungen (m. 7 Fig.). — Ber. **93** ('41) 93–114.

Lüdke, Werner: Über Hornblendesynthesen bei niederen Drucken (m. K. H. Scheumann). — Ber. **85** ('33) 273–278.

Luther, Robert, *seit 17. 6. 1907 ao. Mitgl., seit 20. 7. 1908 o. Mitgl., gest. 17. 4. 1945:* Nachruf auf Fritz Foerster, gehalten am 1. Juli 1932. — Ber. **84** ('32) 325–330.
— Nachruf auf Wilhelm Ostwald. — Ber. **85** ('33) 57–71.

Mahlo, Paul: Über homogene Teilmengen des Kontinuums. — Ber. **61** ('09) 121–124.
— Über perfekte Mengen ohne zusammenhängenden Bestandteil. — Ber. **61** ('09) 125–131.
— Über lineare transfinite Mengen. — Ber. **63** ('11) 187–225.
— Über die Dimensionstypen des Herrn Fréchet im Gebiete der linearen Mengen. — Ber. **63** ('11) 319–347.
— Zur Theorie und Anwendung der ϱ_0-Zahlen. — Ber. **64** ('12) 108–112; **65** ('13) 268–282.
— Über Teilmengen des Kontinuums von dessen Mächtigkeit. — Ber. **65** ('13) 283–315.
— Über gewisse Teilmengen des Kontinuums. — Ber. **66** ('14) 64–66.

Marchand, Felix, *seit 30. 7. 1900 o. Mitgl., gest. 4. 2. 1928:* Über das Hirngewicht des Menschen. — Abh. **27** ('02) Nr. 4, 391–482.
— Nekrolog auf Wilhelm His, gesprochen am 14. Nov. 1904. — Ber. **56** ('04) 323–340.
— Über die normale Entwicklung und den Mangel des Balkens im menschlichen Gehirn (m. 5 Taf., 32 Fig.). — Abh. **31** ('09) Nr. 8, 369–492.

Marx, Erich: Über ein Hochfrequenz-Meßgeräth zur Bestimmung von Periode, Capacität und Selbstinduction eines Entladungskreises (m. 2 Fig.). — Ber. **53** ('01) 437–442.

— Die Geschwindigkeit der Röntgenstrahlen (m. 6 Fig.). — Abh. **29** ('06) Nr. 6, 443–491.

— Über den Einfluß der Röntgenstrahlen auf das Einsetzen der Glimmentladung (m. 6 Fig.). — Ber. **60** ('08) 248–266.

— Zweite Durchführung der Geschwindigkeitsmessung der Röntgenstrahlen (m. 14 Fig., 10 Taf.). — Abh. **32** ('10) Nr. 2, 79–159.

Mayer, Adolph, *seit 5. 3. 1877 o. Mitgl., 1883–1901 stellvertr. Sekretar, gest. 11. 4. 1908:* Die Kriterien des Minimums einfacher Integrale bei variablen Grenzwerthen. — Ber. **48** ('96) 436–465.

— Die Existenzbedingungen eines kinetischen Potentiales. — Ber. **48** ('96) 519–529.

— Über die lebendige Kraft der durch plötzliche Stöße in einem System materieller Punkte erzeugten Geschwindigkeitsänderungen. — Ber. **50** M ('98) 246–53; **51** M ('99) 215–218.

— Zur Theorie der Bewegung von Punktsystemen unter dem Einfluß von Potentialkräften. — Ber. **51** M ('99) 1–28.

— Über die Aufstellung der Differentialgleichungen der Bewegung für reibungslose Punktsysteme, die Bedingungsungleichungen unterworfen sind. — Ber. **51** M ('99) 224–244.

— Zur Regulierung der Stöße in reibungslosen Punktsystemen, die dem Zwange von Bedingungsungleichungen unterliegen. — Ber. **51** M ('99) 245–264.

— Berichtigungen und Nachträge. — Ber. **51** M ('99) 456.

— Zur Theorie der gleitenden Reibung. — Ber. **53** ('01) 235–318.

— Symmetrische Lösung der Aufgabe, die Rotation eines starren Körpers, dessen Winkelgeschwindigkeiten bereits gefunden wurden, vollständig zu bestimmen. — Ber. **54** ('02) 53–62.

— Über den Zusammenstoß zweier Körper unter Berücksichtigung der gleitenden Reibung. — Ber. **54** ('02) 208–243, 327–331.

— Über den Hilbertschen Unabhängigkeitssatz in der Theorie des Maximums und Minimums der einfachen Integrale. — Ber. **55** ('03) 131 bis 145; **57** ('05) 49–67, 313–314.

Mechling, Max: Über die Kristallstruktur des Kobaltglanzes (m. F. Rinne) (m. 5 Fig.). — Abh. **38** ('21) Nr. 3b, 13 S.

Meese, Adolf: Bedingungen, unter welchen *n* Punkte auf dem Umfange eines Kreises gelegen sind. — Ber. **65** ('13) 264–267.

Meisenheimer, Johannes, *seit 14. 11. 1915 o. Mitgl., gest. 24. 2. 1933:* Ernst Stahl. Nekrolog, gesprochen am 13. Nov. 1920. — Ber. **72** ('20) 129 bis 138.

Mende, Ferdinand Wilhelm: Die Ferdinand Wilhelm Mende-Stiftung. — Ber. **53** ('01) XXIX–XXXV.

Merkulow, J.: Über die elektrische Erregbarkeit des Auges während der Dunkeladaption (m. 4 Fig.). — Ber. **80** ('28) 291–299.

von **Meyer**, Ernst, *seit 3. 6. 1889 o. Mitgl., gest. 11. 4. 1916:* Zur Erinnerung an Rudolf Schmitt. — Ber. **50** N ('98) 39–48.

— Zur Kenntnis der Para-Toluolsulfinsäure. — Ber. **52** ('00) 124–139.

— Über Konstitution und Bildungsweise der Kyanalkine genannten trimolekularen Nitrile. — Ber. **57** ('05) 324–352.

— Neue Beiträge zur Kenntnis der dimolekularen Nitrile. — Ber. **60** ('08) 146–174.

— Über Zersetzungsweisen vierfach alkylierter Ammoniumverbindungen. Nach eigenen Versuchen und Untersuchungen von E. Schwabe. — Abh. **31** ('09) Nr. 4, 177–192.

Meyer, Hans, *seit 2. 11. 1925 o. Mitgl., gest. 5. 7. 1929:* Morphologie der Virungavulkane in Ruanda, Ostafrika (m. 1 Karte, 1 Panorama, 10 Taf.). — Abh. **40** ('27) Nr. 1, 31 S.

Meyer, Semi: Über die Function der Protoplasmafortsätze der Nervenzellen (m. 2 Taf.). — Ber. **49** ('97) 475–496.

Meyer, W. Fr.: Zur Theorie der konfokalen Gebilde zweiter Ordnung. — Ber. **59** ('07) 229–262.

— Über die Abhängigkeiten zwischen den Differentialgleichungen der Invarianten. Dem Andenken an Sophus Lie gewidmet. — Ber. **60** ('08) 190–210.

— Über neue Konfigurationseigenschaften von kubischen Raumkurven. — Ber. **65** ('13) 329–342.

Michael, Gerhard: Zur Physiologie des sog. Kartoffelabbaues (m. W. Ruhland). — Ber. **88** ('36) 3–10.

Miehe, H.: Javanische Studien (m. 26 Fig.). — Abh. **32** ('11) Nr. 4, 297 bis 431.

Mielke, Hildegard: Ätz- und Lösungserscheinungen am Magnetit (m. F. Rinne) (m. 8 Fig.). — Ber. **74** ('22) 319–329.

Mildner, Paul: Bericht der Erdbebenwarte des Geophysikalischen Instituts der Universität Leipzig, 2: Die im Jahre 1928 in Leipzig aufgezeichneten Erdbeben (m. 5 Fig. auf 3 Taf.). — Ber. **81** ('29) 239–266.
∼ 3: Die in den Jahren 1929 und 1930 in Leipzig aufgezeichneten Erdbeben (m. 6 Fig. [3 Taf.]). — Ber. **84** ('32) 209–268.
∼ 4: Die in den Jahren 1931 bis 1935 in Leipzig und im Observatorium am Collmberg aufgezeichneten Erdbeben (m. L. Weickmann) (m. 14 Fig., 4 Taf.). — Ber. **89** ('37) 205–346.

Misdorf, H.: Zur Physiologie der Phonorezeption bei den Batrachiern. — Ber. **80** ('28) 209–216.

Möbius, Ernst: Ist das Schmelzen kristallisierter Körper mit einer Vor- und einer Nachgeschichte verbunden? (m. M. Le Blanc) (m. 6 Fig.). — Ber. **85** ('33) 75–96.

Möbius, Willy: Zur Theorie des Regenbogens und ihrer experimentellen Prüfung (m. 24 Fig.). – Abh. **30** ('07) Nr. 2, 105–256.

Monjé, Manfred: Über Permeabilitäts- und Sorptionserscheinungen der menschlichen Haut (m. 1 Taf.). – Ber. **90** ('38) 237–244.

Mrowka, Bernhard: Über die Zustände der Elektronen in einem Kristallgitter, insbesondere beim Diamant (m. F. Hund) (m. 10 Abb.). –Ber. **87** ('35) 185–206.

∼ 2: Energiebänder in einfachen Gittern (m. F. Hund) (m. 17 Fig.). – Ber. **87** ('35) 325–350.

Mühlig, Fritz: Die Polhöhe der Leipziger Sternwarte. – Ber. **76** ('24) 97–138.

Naegler, Wilhelm: Die strengen Winter in Leipzig von 1829–1926. – Ber. **78** ('26) 271–286.

– Die milden Winter in Leipzig von 1829–1927. – Ber. **79** ('27) 57–67.

– Warme und kalte Sommer der letzten 100 Jahre in Leipzig (1830–1929). – Ber. **81** ('29) 222–238.

– Statistik der Temperaturverhältnisse von Leipzig (1831—1935). – Ber. **88** ('36) 67–106.

– Eintritt bestimmter Phasen des jährlichen Witterungsverlaufes in Dresden und Leipzig (1864–1939) mit Anhang. – Ber. **92** ('40) 33–40.

– Der harte Kriegswinter 1939/40 in Leipzig. Die kältesten und wärmsten Wintermonate in Berlin, Leipzig und Dresden. – Ber. **93** ('41) 21–32.

– Monographie der Lufttemperatur in Dresden (1828–1942). – Ber. **95** ('43) 3–36.

Naetsch, Emil: Untersuchungen über die Reduction und Integration von Picard'schen Differentialgleichungen. – Ber. **48** ('96) 1–78.

von Sz. Nagy, Béla: Über gewisse Extremalfragen bei transformierten trigonometrischen Entwicklungen, 1: Periodischer Fall. – Ber. **90** ('38) 103–134; ∼ 2: Nichtperiodischer Fall. – Ber. **91** ('39) 3–24.

Nathanson, Alexander: Über die Bedeutung vertikaler Wasserbewegungen für die Produktion des Planktons im Meere (m. 1 Karte). – Abh. **29** ('06) Nr. 5, 355–441.

– Über die Bedingungen der Kohlensäureassimilation in natürlichen Gewässern, insbesondere im Meere. – Ber. **59** ('07) 211–227.

Naumann, M.: Studien über Sn-Bi- und Sn-Cd-Legierungen in festem Zustande unter besonderer Berücksichtigung stabiler Gleichgewichtseinstellungen bei verschiedenen Temperaturen (m. M. Le Blanc, D. Tschesno) (m. 21 Fig.). – Ber. **79** ('27) 71–106.

Naumann, Hans: Beobachtungen auf der Leipziger Sternwarte zur Erosopposition 1930/31. Mit einem Vorwort von J. Hopmann (m. J. Weber, W. Schaub) (m. 1 Fig.). – Abh. **42** ('36) Nr. 4, 49 S.

– Zonenbeobachtungen der Anhaltsterne für die Wiederholung des A. G.-Kataloges an der Universitätssternwarte Leipzig (m. K. Schiller). – Ber. **90** ('38) 25–46.

Naumann, Hans: Selenographische Koordinaten, 5. — Abh. **43** ('39) Nr. 1, 142 S.

Neder, Ludwig: Über Umkehrungen der Konvergenzsätze für Dirichletsche Reihen. — Ber. **74** ('22) 99–105.

— Über eine Hardy-Littlewoodsche Fragestellung. — Ber. **75** ('23) 68–77.

Neubert, Paul: Verschiedene Schichtsysteme in der Wasserstoffglimmentladung (m. 3 Fig.). — Ber. **65** ('13) 75–81.

Neumann, Carl, *seit 22. 3. 1869 o. Mitgl., gest. 27. 3. 1925:* Über die elektrodynamischen Elementarwirkungen. — Ber. **48** ('96) 221–90.

— Die Anwendung des Hamilton'schen Princips in der Hydrodynamik und Aërodynamik. — Ber. **49** ('97) 611–615.

— Nachruf auf Wilhelm Hankel. — Ber. **51** ('99) LXII–LXVI.

— Beiträge zur analytischen Mechanik (m. 3 Fig.). — Ber. **51** M ('99) 371 bis 444; **54** ('02) 333–362.

— Über eine neue Methode zum Beweise der sogenannten Schließungstheoreme. — Ber. **53** ('01) 319–332.

— Über die Maxwell-Hertzsche Theorie (m. 3 Fig.). — Abh. **27** ('02) Nr. 2, 211–348; ~ 2 (m. 3 Fig.). — Abh. **27** ('02) Nr. 8, 753–860; ~ 3 (m. 3 Fig.). — Abh. **28** ('03) Nr. 2, 75–99.

— Über Metallreflexion und über totale Reflexion (m. 1 Fig.). — Ber. **54** ('02) 92–100.

— Über eine gewisse Gattung von Kugelflächen-Integralen. — Ber. **55** ('03) 264–286.

— Über Funktionen, die von drei reellen Argumenten abhängen. — Ber. **56** ('04) 5–12.

— Über die Hervorbringung der Kettenlinie durch Biegung einer Kreisfläche. — Ber. **56** ('04) 13–18.

— Über zwei inkongruente Polyeder. — Ber. **58** ('06) 471–482.

— Über das logarithmische Potential. — Ber. **58** ('06) 483–559.

— Über das logarithmische Potential einer gewissen Ovalfläche. — Ber. **59** ('07) 278–312; **60** ('08) 53–56, 240–247.

— Einige Äußerungen C. G. J. Jacobis über die Prinzipien der analytischen Mechanik. — Ber. **60** ('08) 80–84.

— Über die Entwicklung der ganzen Potenzen der reziproken Entfernung zweier Punkte nach Kugelfunktionen. — Ber. **60** ('08) 269–274.

— Nekrolog auf Wilhelm Scheibner, gesprochen in der öffentlichen Gesamtsitzung beider Klassen am 14. Nov. 1908. — Ber. **60** ('08) 375–390.

— Zur Theorie des logarithmischen Potentials, 1. — Ber. **61** ('09) 156–170; ~ 2 (m. 6 Fig.). — Ber. **62** ('10) 87–169; ~ 3 (m. 2 Fig.). — Ber. **62** ('10) 278–290; ~ 4 (m. 14 Fig.). — Ber. **62** ('10) 307–367; ~ 5: Erweiterung der Dürllschen Methode. — Ber. **62** ('10) 368–376; ~ 6. — Ber. **63** ('11) 226–239; ~ 7: Über das Riemannsche Abbildungsproblem. — Ber. **63** ('11) 240–248; ~ 8: Über die Fourierschen Reihen (m. 2 Fig.). — Ber. **63** ('11) 407–422; ~ 9: Über die Fourierschen

Reihen. — Ber. **64** ('12) 115–119; ~ 10: Die Kreisbogenaufgabe (m. 3 Fig.). — Ber. **64** ('12) 273–339; ~ 11 (m. 1 Fig.). — Ber. **64** ('12) 340–398; ~ 12: Integraldarstellung von Funktionen (m. 3 Fig.). — Ber. **65** ('13) 144–184.

Neumann, Carl. Über das logarithmische Potential einer gewissen Ovalfläche (m. 6 Fig.). — Abh. **31** ('09) Nr. 2, 81–162.

— Über den Körper Alpha. — Ber. **62** ('10) 69–86, 383–385.

— Einige elementare Sätze über periodische Funktionen. — Ber. **64** ('12) 120–143.

— Zur Theorie der Fourierschen Reihen. — Ber. **65** ('13) 197–198.

— Über die Dirichletsche Theorie der Fourierschen Reihen (m. 7 Fig.). — Abh. **33** ('14) Nr. 2, 115–194.

— Das allgemeine Cauchysche Theorem $F(z_0) = \frac{1}{2\pi i}\int \frac{F(z)\,dz}{z - z_0}$ in seiner Anwendung auf die Kreisbogenaufgabe (m. 2 Fig.). — Ber. **66** ('14) 160–170; Ber. **68** ('16) 8–10.

— Zur Theorie der Äquipotentialität. — Ber. **67** ('15) 188–193.

— Franz Neumanns Beiträge zur Krystallonomie aus den Jahren 1823 bis 1826 (m. 66 Fig., 22 Taf.). — Abh. **33** ('16) Nr. 3, V–XX, 195–458.

— Über die Integralformel der Randwertaufgaben. — Ber. **69** ('17) 454 bis 456.

— Über die von Franz Neumann gegebene Begründung des Hauyschen Gesetzes (m. 14 Fig.). — Ber. **71** ('19) 35–80.

— Über die von Franz Neumann im Jahre 1823 gegebene Projektionsmethode (m. 12 Fig.). — Ber. **71** ('19) 313–345.

— Beiträge zum Studium der Randwertaufgaben (m. 59 Fig.). — Abh. **35** ('20) Nr. 7, 369–720.

— Eine Modifikation der von Dirichlet im Jahre 1829 gegebenen Theorie. — Ber. **73** ('21) 201–214.

Neumann, Ernst: Ein Beitrag zur Elektrostatik. — Ber. **48** ('96) 634–48.

Nielsen, Niels: Über die Verallgemeinerung einiger von F. und C. Neumann gegebenen nach Kugel- und Zylinderfunktionen fortschreitenden Reihenentwicklungen. — Ber. **61** ('09) 33–61.

— Verkürzte Rekursionsformeln für Bernoullische und Eulersche Zahlen. — Ber. **65** ('13) 3–26.

Niggli, Paul, *seit 26. 2. 1936 korresp. Mitgl., gest. 13. 1. 1953:* Die physikalisch-chemische Bedeutung der Gesteinsmetamorphose (m. 10 Tabellen, 4 Fig.). — Ber. **67** ('15) 223–269.

— Über den Bau einfacher und isotyper Kristalle und den Einfluß äußerer Faktoren auf die Kristallstruktur (m. 7 Fig.). — Ber. **67** ('15) 364 bis 395.

Niklibore, Wladislaw: Über die Differentialsysteme zweiter Ordnung. — Ber. **82** ('30) 227–242.

Noth, G.: Differentialinvarianten und invariante Differentialgleichungen zweier zehngliedriger Gruppen. — Ber. **56** ('04) 19–48.

Obreschkoff, Nikola: Über die Cesàroschen und Hölderschen Mittelwerte für Integrale. — Ber. **82** ('30) 209–215.

von Oettingen, Arthur, *seit 20. 7. 1901 o. Mitgl., gest. 5. 9. 1920:* Eine Forderung der malerischen Perspective vom mathematischen Standpuncte aus betrachtet (m. 6 Fig.). — Ber. **53** ('01) 443–459.

— Die Mängel der psychischen Fähigkeit, perspektivische Bilder richtig aufzufassen (m. 7 Fig.). — Ber. **57** ('05) 360–369.

— Das Kausalgesetz. — Ber. **58** ('06) 454–470.

— Elemente der projektiven Dioptrik (m. 9 Fig. auf 2 Taf.). — Abh. **30** ('09) Nr. 6, 557–583.

— Robert Mayers wissenschaftlicher Entwicklungsgang im Jahre 1841. Vortrag, gehalten am 25. Mai 1908. — Abh. **31** ('09) Nr. 3, 163–176.

— Die Grundlage der Musikwissenschaft und das duale Reininstrument (m. 2 + 86 Taf.). — Abh. **34** ('16) Nr. 2, 155–361.

— Nachruf für B. W. Feddersen, gesprochen am 14. Nov. 1918. — Ber. **70** ('18) 353–362.

Ostwald, Wilhelm, *seit 23. 12. 1887 o. Mitgl., gest. 4. 4. 1932:* Studien über die Bildung und Umwandlung fester Körper (m. 6 Fig.). — Ber. **49** ('97) 254–300.

— Gedächtnisrede auf Friedrich Stohmann. — Ber. **49** ('97) 741–747.

— Periodische Erscheinungen bei der Auflösung des Chroms in Säuren (m. 6 Taf.). — Abh. **25** ('99) Nr. 4, 219–249; ∼ 2 (m. 16 Fig.). — Abh. **26** ('00) Nr. 2, 25–84.

— Nachruf auf Gustav Wiedemann. — Ber. **51** ('99) LXXVII–LXXXIII.

— Dampfdrucke ternärer Gemische (m. 36 Fig.). — Abh. **25** ('00) Nr. 7, 411–453.

— Nekrolog auf Joh. Wislicenus, vorgetragen am 14. Nov. 1903. — Ber. **55** ('03) 409–420.

— Nachruf auf A. J. von Oettingen, mitgeteilt am 1. Juli 1921. — Ber. **73** ('21) 283–291.

— Beiträge zur Farbenlehre. Erstes bis fünftes Stück (m. 16 Fig.). — Abh. **34** ('17) Nr. 3, 363–572.

Paal, Carl, *seit 14. 11. 1912 o. Mitgl., gest. 11. 1. 1935:* Nachruf auf Ernst Otto Beckmann, gesprochen am 17. Nov. 1923. — Ber. **76** ('24) 83–94.

Partzsch, A.: Über das Reflexionsvermögen dünner Metallschichten, sowie longitudinale Wirkung und Eindringungstiefe bei der Lichtelektrizität (m. W. Hallwachs) (m. 2 Fig.). — Ber. **64** ('12) 147–166.

Penck, Walther: Der Südrand der Puna de Atacama (NW-Argentinien). Ein Beitrag zur Kenntnis des Andinen Gebirgstypus und zu der Frage der Gebirgsbildung (m. 9 Taf., 1 Karte, 17 Fig.). — Abh. **37** ('20) Nr. 1, 420 S.

Penck, Walther: Wesen und Grundlagen der morphologischen Analyse (m. 15 Fig.). — Ber. **72** ('20) 65–102.

Peschl, Ernst: Axiomatischer Aufbau der Operationen im Tensorraum (m. R. König), 1. — Ber. **86** ('34) 129–154; ~ 2. — Ber. **86** ('34) 267–298; ~ 3. — Ber. **86** ('34) 383–410.

Peter, Bruno: Beobachtungen am sechszölligen Repsoldschen Heliometer der Leipziger Sternwarte, 2 (m. 2 Fig., 1 Taf.). — Abh. **24** ('98) Nr. 3, 179–313.

~ 3 (m. 1 Taf.). — Abh. **27** ('02) Nr. 6, 591–650.

~ 4: Triangulation von 28 Sternen in den Hyaden (m. 1 Fig.). — Abh. **29** ('06) Nr. 7, 493–574.

— Die Lage der Ebene des Saturnringes. — Ber. **58** ('06) 294–322.

— Der Durchmesser des Saturnringes (m. 1 Fig.). — Ber. **59** ('07) 35–83.

— Parallaxenbestimmungen an dem Repsoldschen Heliometer der Leipziger Sternwarte. — Abh. **30** ('08) Nr. 4, 473–489.

— Parallaxenbestimmungen an dem Repsoldschen Heliometer der Leipziger Sternwarte (bearbeitet von H. Naumann). — Abh. **38** ('20) Nr. 1, 33 S.

Petersen, Siegfried Rudolf: Zur fermentativen Spaltung von Disaccharidglykosiden. — Ber. **85** ('33) 154–165.

Pfeffer, Wilhelm, *seit 23. 12. 1887 o. Mitgl., gest. 31. 1. 1920:* Über die vorübergehende Aufhebung der Assimilationsfähigkeit in Chlorophyllkörpern. — Ber. **48** ('96) 311–314.

— Über die lockere Bindung von Sauerstoff in gewissen Bacterien. — Ber. **48** ('96) 379–383.

— Über die Steigerung der Athmung und der Wärmeproduction nach Verletzung lebensthätiger Pflanzen. — Ber. **48** ('96) 384–389.

— Über den Einfluß des Zellkerns auf die Bildung der Zellhaut. — Ber. **48** ('96) 505–512.

— Über regulatorische Bildung von Diastase. — Ber. **48** ('96) 513–518.

— Über die Erzeugung und die physiologische Bedeutung der Amitose. — Ber. **51** N ('99) 4–12.

— Untersuchungen über die Entstehung der Schlafbewegungen der Blattorgane (m. 36 Fig.). — Abh. **30** ('07) Nr. 3, 257–472.

— Der Einfluß von mechanischer Hemmung und von Belastung auf die Schlafbewegungen (m. 31 Fig.). — Abh. **32** ('11) Nr. 3, 161–295.

— Nekrolog Chun, gesprochen am 14. Nov. 1914. — Ber. **66** ('14) 179–193.

— Beiträge zur Kenntnis der Entstehung der Schlafbewegungen (m. 36 Fig.). — Abh. **34** ('15) Nr. 1, 1–154.

— Über die Verbreitung der haptotropischen Reaktionsfähigkeit und das Wesen der Tastreizbarkeit. — Ber. **68** ('16) 93–122.

Pfeifer, Richard Arwed, *seit 16. 5. 1949 o. Mitgl., gest. 15. 3. 1957:* Myelogenetisch-anatomische Untersuchungen über das kortikale Ende der Hörleitung (m. 31 Taf., 3 Fig.). – Abh. **37** ('20) Nr. 2, 54 S.

von Philipsborn, Hellmut: Über mylonitische Granitgneise in der nördlichen Randzone des sächsischen Granulitgebirges (m. 11 Fig.). – Ber. **75** ('23) 38–57.

– Beziehungen zwischen Lichtbrechung, Dichte und chemischer Zusammensetzung in der Granatgruppe (m. 15 Fig.). – Abh. **40** ('28) Nr. 3, 43 S.

Pick, Georg: Zur Theorie der allgemeinen Theta- und Sigmafunktion. – Ber. **66** ('14) 3–25.

– Über den Köbeschen Verzerrungssatz. – Ber. **68** ('16) 58–64.

– Über affine Geometrie, 4: Differentialinvarianten der Flächen gegenüber affinen Transformationen. – Ber. **69** ('17) 107–138.

∼ 15: Affingeometrie der Kurven höherer Räume. – Ber. **70** ('18) 76–90.

– Zur schlichten konformen Abbildung. – Ber. **81** ('29) 3–10.

Pietzsch, Kurt: Graptolithen aus dem Elbtalschiefersystem (m. 8 Fig.). – Ber. **67** ('15) 270–289.

– Die geologische Stellung des Gabbro-Gebietes von Siebenlehn (m. 1 Fig.). – Ber. **74** ('22) 25–33.

– Das Schiefergebirge am Nordrand des Lausitzer Granitmassivs im Vergleich mit der stratigraphischen Entwicklung des Paläozoikums der benachbarten Gebiete (m. 1 Karte). – Ber. **90** ('38) 3–24.

Pollak, Alfred: Geologische Untersuchungen über das Endstück des Ostbalkans (m. 2 Taf.). – Abh. **41** ('33) Nr. 7, 60 S.

Pólya, Georg: Über geometrische Wahrscheinlichkeiten an konvexen Körpern. – Ber. **69** ('17) 457–460.

Radon, Johann: Über eine besondere Art ebener konvexer Kurven (m. 1 Fig.). – Ber. **68** ('16) 123–128.

– Über die Bestimmung von Funktionen durch ihre Integralwerte längs gewisser Mannigfaltigkeiten. – Ber. **69** ('17) 262–277.

– Über affine Geometrie, 16: Die Grundgleichungen der affinen Flächentheorie. – Ber. **70** ('18) 91–107.

∼ 17: Zur Affingeometrie der Regelflächen. – Ber. **70** ('18) 147–155.

Ramshorn, Konrad: Zur elektrophysiologischen Theorie des Wachstums bei Pflanzen (m. 3 Fig.). – Ber. **86** ('34) 199–206.

Reichardt, Willibald: Über Systeme von Differentialgleichungen zweiter Ordnung, die mittels hyperelliptischer Functionen integrirbar sind. – Ber. **53** ('01) 124–146.

Reichert, Hans: Tektonik des Meißner Syenit-Granitmassivs (m. 9 Fig., 1 Taf.). – Abh. **39** ('26) Nr. 5, 63 S.

Reinhard, Rudolf, *seit 26. 2. 1936 o. Mitgl., gest. 3. 7. 1946:* Das Bevölkerungsproblem in Java (m. 2 Karten). — Ber. **93** ('41) 69–92.

— Das Deutsche Institut für Länderkunde. — Ber. **96** ('44) 3–16.

Rennkamp, Friedrich: Resorptionsverhältnisse bei Hartfett. — Ber. **91** ('39) 61–82.

Renner, Otto, *seit 1. 7. 1933 o. Mitgl., später auswärt. Mitgl., gest. 8. 7. 60:* Die pflanzlichen Plastiden als selbständige Elemente der genetischen Konstitution. — Ber. **86** ('34) 241–266.

Richter, Wolfgang: Über Anwesenheit und Bedeutung von Kohlehydraten in Glykosidasen (m. B. Helferich u. S. Grünler) (m. 6 Fig.). — Ber. **89** ('37) 385–396.

Riecke, Eduard: Ergebnisse der von Dr. Cuomo auf Capri ausgeführten Messungen der Elektrizitätszerstreuung in der freien Luft. — Ber. **56** ('04) 250–256.

Rinne, Friedrich, *seit 14. 11. 1910 o. Mitgl., 1916–1927 stellvertret. Sekretar, später auswärt. Mitgl., gest. 12. 3. 1933:* Baueritisierung, ein kristallographischer Abbau dunkler Glimmer. — Ber. **63** ('11) 441–445.

— Nachruf für Ferdinand Zirkel, gesprochen in der öffentlichen Gesamtsitzung beider Klassen am 14. Nov. 1912. — Ber. **64** ('12) 499–508.

— Über eine reversible optische Wandlung des Bauerits durch Quellen und Schrumpfen. — Ber. **65** ('13) 347–349.

— Wellenlängenflächen (λ-Flächen). — Ber. **65** ('13) 350–351.

— Hermann Credner. Nekrolog, gesprochen am 14. Nov. 1913. — Ber. **65** ('13) 387–408.

— Metamorphosen an Salzen und Silikatgesteinen. — Ber. **66** ('14) 118–135.

— Beiträge zur Kenntnis der Kristall-Röntgenogramme (m. 27 Fig., 20 Taf.), 1. — Ber. **67** ('15) 303–340; ~ 2. — Ber. **68** ('16) 11–45.

— Das Kristallsystem und das Achsenverhältnis des Eises (m. 6 Fig.). — Ber. **69** ('17) 57–62.

— Bemerkungen über die Modifikationen kristalliner Stoffe (m. 28 Fig.). — Ber. **71** ('19) 81–110.

— Die Symmetrie der Lauediagramme von Cordierit, Benitoit und Nephelin (m. 4 Taf.). — Ber. **71** ('19) 225–226.

— Zur zeolithischen Wasserbindung (m. 10 Fig.). — Ber. **72** ('20) 12–23.

— Studien über chemische Wirkungen an Kristallen, 1: Ätz- und Lösungserscheinungen an Turmalin (m. Ch. Kulaszewski) (m. 11 Fig.). — Ber. **72** ('20) 48–55.

~ 2: Ätz- und Lösungserscheinungen an Cölestin (m. M. Kemter) (m. 15 Fig.). — Ber. **72** ('20) 56–64.

~ 3: Ätz- und Lösungserscheinungen am Phosgenit sowie Lauediagramme am selben Mineral (m. W. Anders) (m. 8 Fig.). — Ber. **73** ('21) 117–133.

~ 4: Ätz- und Lösungserscheinungen am Topas (m. M. Eichler) (m. 16 Fig.). — Ber. **73** ('21) 232–248.

Rinne, Friedrich: Studien über chemische Wirkungen an Kristallen, 5: Über Vizinalbildungen, Ätz- und Lösungserscheinungen am Apatit (m. J. Lorenz) (m. 23 Fig., 9 Taf.). — Ber. **73** ('21) 249–270.

∼ 6: Ätz- und Lösungserscheinungen am Aragonit (m. W. Krüger) (m. 13 Fig.). — Ber. **74** ('22) 253–268.

∼ 7: Ätz- und Lösungserscheinungen am Magnetit (m. H. Mielke) (m. 8 Fig.). — Ber. **74** ('22) 319–329.

∼ 8: Lösungs- und Wachstumserscheinungen am Borax (m. R. Gräfe) (m. 23 Fig.). — Ber. **76** ('24) 275–293.

— Röntgenographische Feinbaustudien (m. Ch. Berndt, M. Mechling, H. Espig, Ch. Kulaszewski). — Abh. **38** ('21) Nr. 3, 107 S.

— Bemerkungen über strukturchemische Silikatformeln und den kristallographisch-chemischen Ab- und Umbau von Glimmer durch Entwässerung, Oxydation und Reduktion. — Ber. **76** ('24) 261–274.

— Bemerkungen zu den experimentellen Erfahrungen von A. Geller über das Fließen natürlicher Salze und zu den von ihm und O. Mügge aus den gewonnenen Daten gezogenen Schlußfolgerungen. — Ber. **77** ('25) 25–35.

— Über Wellengleitung im Großen und im Kleinen (m. 22 Fig.). — Ber. **77** ('25) 41–58.

— Ein stereographisch-gnomonisches Netz (m. 1 Taf.). — Ber. **77** ('25) 135–136.

— Über das Glasschneiden (m. 15 Fig.). — Ber. **77** ('25) 141–153.

— Orthotropie und im besonderen Thermotropie als Problem der orientierten Kristallisation. — Ber. **78** ('26) 89–92.

— Ein neuer Kristall-Feinbautyp (m. H. Hentschel). — Ber. **79** ('27) 3–4.

— Über die Kristallstruktur des Kobalti-Hexamminjodid (m. H. Hentschel). — Ber. **79** ('27) 5–56.

— Photographische Darlegung thermooptischer Verhältnisse des Gipses als Beitrag zur kristallographischen Kenntnis des Gipsbrennens (m. W. Berger, S. Rösch) (m. 45 Fig. [6 Taf.]). — Ber. **81** ('29) 171–198.

— Zur Nomenklatur der 32 Kristallklassen. — Abh. **40** ('29) Nr. 5, 8 S.

Riquier, Charles: Über Systeme partieller Differentialgleichungen. — Ber. **54** ('02) 272–281.

Rösch, Siegfried: Goniometrie auf photographischem Wege (m. 7 Fig., 1 Taf.). — Ber. **77** ('25) 89–98.

— Über Reflexphotographie (m. 90 Fig., 7 Taf.). — Abh. **39** ('26) Nr. 6, 62 S.

— Photographische Darlegung thermooptischer Verhältnisse des Gipses als Beitrag zur kristallographischen Kenntnis des Gipsbrennens (m. F. Rinne, W. Berger) (m. 45 Fig. [6 Taf.]). — Ber. **81** ('29) 171–198.

Rohn, Karl, *seit 2. 12. 1889 o. Mitgl., gest. 4. 8. 1920:* Über den Zusammenhang der von Flächen beliebiger Ordnung auf einer Raumcurve ausgeschnittenen Punktgruppen mit denen ihrer Restcurven. — Ber. **49** ('97) 627–630.

Rohn, Karl. Die Raumcurven auf den Flächen IV[ter] Ordnung. — Ber. **49** ('97) 631–663.

— Krystallstruktur und regelmäßige Punktgruppen (m. 2 Fig.). — Ber. **51** M ('99) 445–455.

— Konstruktion des Krümmungsradius bei einem Kegelschnitt durch fünf Punkte (m. 9 Fig.). — Ber. **52** ('00) 17–27.

— Einige Beiträge zum Problem der Bestimmung des achten Schnittpunktes von drei Flächen zweiten Grades (m. 2 Fig.). — Ber. **53** ('01) 492–506.

— Beiträge zur Theorie der ebenen Kurven 3. Ordnung. — Ber. **58** ('06) 200–216.

— Ein allgemeiner Satz über doppelt berührende Kegelschnitte, von dem der Steinersche Satz über doppelt berührende Kreise ein Spezialfall ist. — Ber. **60** ('08) 2–9.

— Das Schließungsproblem von Poncelet und eine gewisse Erweiterung. — Ber. **60** ('08) 94–131.

— Beiträge zur Bestimmung des achten Schnittpunktes von drei Flächen zweiten Grades. — Ber. **60** ('08) 275–285.

— Der Büschel von Flächen 2. Grades im Raume S_n und ein $(n + 1)$-Flach in besonderer Beziehung zu ihm. — Abh. **31** ('09) Nr. 7, 335–367.

— Zwei Flächen zweiten Grades und die Tetraeder, deren Kanten beide zugleich tangieren. — Ber. **61** ('09) 95–110.

— Über das Malfattische Problem (m. 1 Fig.). — Ber. **62** ('10) 377–380.

— Die Maximalzahl von Ovalen bei einer Fläche 4. Ordnung. — Ber. **63** ('11) 423–440.

— Die ebene Kurve 6. Ordnung mit elf Ovalen. — Ber. **63** ('11) 540–555.

— Invariantentheoretisches zum erweiterten Schließungsproblem des Poncelet. — Ber. **65** ('13) 185–194.

— Einige Bemerkungen zu der Arbeit von Herrn W. Fr. Meyer: Über neue Konfigurationseigenschaften von kubischen Raumkurven. — Ber. **65** ('13) 343–346.

— Geschart-involutorische Lage zweier Flächen 2. Grades. — Ber. **67** ('15) 60–92.

— Ein Beitrag zu den rationalen Kurven und ihren Berührkurven $(n - 3)$. Ordnung. — Ber. **67** ('15) 93–100.

— Beitrag zur Invariantentheorie dreier ternärer quadratischer Formen. — Ber. **67** ('15) 101–105.

— Auswertung einer Determinante. — Ber. **67** ('15) 298–302.

— Kongruente Kegelschnitte und kongruente Flächen 2. Grades, erstere einem Dreieck, letztere einem Sechsflach einbeschrieben. — Ber. **67** ('15) 396–403.

— Beiträge zum Normalenproblem der Flächen 2. Grades. — Ber. **70** ('18) 55–71.

— Flächen 2. Grades und Tetraeder mit vier oder sechs berührenden Kanten. — Ber. **70** ('18) 127–143.

— Kongruente Dreiecke, Dreikante, Vierkante und Tetraeder in perspektiver Lage (m. 6 Fig.). — Ber. **71** ('19) 160–192.

— Neuer Beweis des Hauptsatzes über regelmäßige Punktgruppen. Aus dem Nachlaß mitgeteilt von A. Schönflies in Frankfurt a. M. (m. 1 Fig.). — Ber. **75** ('23) 102–106.

Rosenthal, Gerhard: Können Monoglyceride ungespalten resorbiert werden? (m. H. Trautwein). — Ber. **86** ('34) 325–338.

Rother, Franz: Über die Kathodenzerstäubung und die Wasserstoffabsorption des Iridiums (m. 1 Fig.). — Ber. **64** ('12) 5–12.

— Der Elektrizitätsübergang bei sehr kleinen Kontaktabständen und die Elektronenatmosphären der Metalle (m. 6 Fig.). — Ber. **65** ('13) 214–228.

Rudolph, Horst: Über die Einwirkung des farbigen Lichtes auf die Entstehung der Chloroplastenfarbstoffe (m. 3 Fig.). — Ber. **85** ('33) 107 bis 116.

Rühle, C.: Über Schwefelsäureanhydrid, ein chemisches Chamäleon (m. M. Le Blanc) (m. 11 Fig.). — Ber. **74** ('22) 106–144.

Ruhland, Wilhelm, *seit 26. 2. 1923 o. Mitgl., seit 1945 auswärt. Mitgl., gest. 5. 1. 1960:* Nekrolog für Wilhelm Pfeffer, gesprochen am 30. Juni 1923. — Ber. **75** ('23) 107–124.

— Beiträge zur Ultrafiltertheorie des Plasmas (m. C. Hoffmann). — Ber. **76** ('24) 47–62.

— Zur Physiologie der sogenannten Blattrollkrankheit der Kartoffelpflanze (m. K. Wetzel). — Ber. **85** ('33) 141–149.

— Nachruf auf Oscar Drude; gehalten am 18. Nov. 1933. — Ber. **85** ('33) 166–171.

— Zur Kälteresistenz der Pflanzen. — Ber. **87** ('35) 37–40.

— Zur Physiologie des sog. Kartoffelabbaues (m. G. Michael). — Ber. **88** ('36) 3–10.

— Aerobe Gärung in wachsenden Pflanzengeweben (m. H. Ullrich) (m. 1 Fig.). — Ber. **88** ('36) 11–20.

Sachse, Herbert: Starke Leitfähigkeitszunahme von Nickeloxyd bei Aufnahme von Sauerstoff (m. M. Le Blanc) (m. 3 Fig.). — Ber. **82** ('30) 133–140.

— Über die Elektronenleitfähigkeit von festen Oxyden verschiedener Valenzstufen (m. M. Le Blanc). — Ber. **82** ('30) 153–156.

Sängewald, R.: Beiträge zur streckenweisen Errechnung von Geschoßflugbahnen (m. 6 Fig.). — Ber. **73** ('21) 134–198.

Sakomoto, S.: Tafel der Funktionen

$$y = \frac{e^{-x^2}}{x} \int_0^x e^{\alpha^2}\, d\alpha \text{ und } z = e^{-x^2} \int_0^x e^{\alpha^2}\, d\alpha$$

im Intervall $x = 0$ bis $x = 10$. — Ber. **80** ('28) 217–223.

Salkowski, Erich: Über affine Geometrie, 18: Zur Differentialgeometrie der Raumkurven. — Ber. **70** ('18) 160–176.

Schaub, Werner: Beobachtungen auf der Leipziger Sternwarte zur Erosopposition 1930/31. Mit einem Vorwort von J. Hopmann (m. J. Weber, H. Naumann) (m. 1 Fig.). — Abh. **42** ('36) Nr. 4, 49 S.

— Das Sternsystem Zeta Aurigae (m. J. Hopmann) (m. 45 Abb.). — Abh. **42** ('36) Nr. 6, 101 S.

Scheffers, Georg: Über gewisse zweifach unendliche Curvenschaaren in der Ebene (m. 10 Fig.). — Ber. **50 M** ('98) 261–294.

— Synthetische Bestimmung aller Berührungstransformationen der Kreise in der Ebene (m. 15 Fig.). — Ber. **51 M** ('99) 145–160.

— Einzelnes aus der Theorie der Curven und Flächen. — Ber. **52** ('00) 1–8.

— Über Loxodromen. — Ber. **54** ('02) 363–370.

— Bemerkungen zu einem Satz von Sophus Lie über algebraische Funktionen. —Ber. **55** ('03) 88–98.

— Ein Beitrag zur Geometrie der Berührungstransformationen in der Ebene (m. 6 Fig.). — Ber. **56** ('04) 105–116.

— Ebene Kurvennetze ohne Umwege (m. 4 Fig.). — Ber. **57** ('05) 353–359.

Scheibner, Wilhelm, *seit 6. 11. 1858 o. Mitgl., gest. 8. 4. 1908:* Die gestörte elliptische Bewegung. Hansen's ideale Coordinaten (m. 4 Fig.). — Ber. **49** ('97) 85–171.

— Über die formale Bedeutung des Hamilton'schen Princips und das Weber'sche Gesetz. — Ber. **49** ('97) 578–602.

— Über den Einfluß des Neumann'schen Exponentialgesetzes auf die elliptische Bewegung (m. 2 Fig.). — Ber. **50 M** ('98) 21–30.

— Über Hansen's Verfahren zur Berechnung der speciellen Störungen. — Ber. **50 M** ('98) 31–59.

— Über die Differentialgleichungen der Mondbewegung. — Abh. **25** ('99) Nr. 2, 131–156.

— Zur Theorie des Legendre-Jacobischen Symbols $\left(\frac{n}{m}\right)$. — Abh. **25** ('00) Nr. 6, 367–410.

— Zur Theorie des Legendre-Jacobischen Symbols $\left(\frac{n}{m}\right)$, insbesondere über zweiteilige komplexe Zahlen (m. 2 Fig.). — Abh. **27** ('02) Nr. 7, 651–752.

— Beiträge zur Theorie der linearen Transformationen, als Einleitung in die algebraische Invariantentheorie. — Ber. **55** ('03) 200–238, 322 bis 383; **56** ('04) 139–176, 311–321.

Scheibner, Wilhelm. Zur Theorie der Tschirnhaus-Transformation. — Ber. **57** ('05) 87–106.
— Zur Auflösung der Ikosaedergleichung. — Ber. **57** ('05) 372—387; **58** ('06) 62—80.
— Über Möbius' Kreisverwandtschaft und die Transformation durch reziproke Radien (m. 4 Fig.). — Ber. **58** ('06) 217–227.
— Zur linearen Transformation der Thetafunktionen und elliptischen Modulfunktionen. — Ber. **58** ('06) 415–452.
— Der Sturmsche Satz für Gleichungen fünften und sechsten Grades. — Ber. **59** ('07) 264–277.

Schenck, Martin: Zur Kenntnis der Gallensäuren. — Ber. **95** ('43) 73–90.

Scheumann, Karl Hermann, *seit 5. 5. 1930 o. Mitgl., seit 1945 auswärt. Mitgl.:* Petrographische Untersuchungen an Gesteinen des Polzengebietes in Nord-Böhmen insbesondere über die Spaltungsserie der Polzenit-Trachydolerit-Phonolith-Reihe (m. 34 Fig.). — Abh. **32** ('13) Nr. 7, 605–776.
— Über den Wassergehalt des Heulandits (m. 19 Fig.). — Ber. **73** ('21) 3–116.
— Prävariskische Glieder der Sächsisch-Fichtelgebirgischen kristallinen Schiefer, 1: Die magmatisch-orogenetische Stellung der Frankenberger Gneisgesteine (m. 14 Fig.). — Abh. **39** ('24) Nr. 1, 61 S.
— Die gesteins- und mineralfazielle Stellung der Metakieselschiefergruppe der südlichen Randzone des sächsischen Granulitgebirges (m. 20 Fig., 1 Taf.). — Abh. **39** ('25) Nr. 3, 48 S.
— Über die Bedeutung der mineralfaziellen Analyse für die Auffassung der metamorphen Gesteine. — Ber. **84** ('32) 63–90.
— Nachruf auf Friedrich Rinne, gehalten am 18. Nov. 1933. — Ber. **85** ('33) 172–181.
— Über Hornblendesynthesen bei niederen Drucken (m. W. Lüdke). — Ber. **85** ('33) 273–278.
— Die Rotgneise der Glimmerschieferdecke des sächsischen Granulitgebirges (m. 10 Fig., 1 Taf.). — Ber. **87** ('35) 251–286.
— Petrographische Beobachtungen über die Art und den Zeitpunkt der Münchberg-Zwischengebirgischen Gneisüberschiebung (m. 8 Fig.). — Ber. **88** ('36) 167–178.
— Nachruf auf Franz Kossmat, gesprochen am 17. 6. 1939. — Ber. **91** ('39) 195–212.
— Das Problem der Cordieritgneise im Sächsischen Granulitgebirge. — Ber. **93** ('41) 33–39.
— Nachruf auf Johannes Felix. — Ber. **96** ('44) 57–60.

Scheunert, Arthur, *seit 30. 6. 1934 o. Mitgl., seit 1945 auswärt. Mitgl., gest. 11. 1. 1957:* Über Eisenresorption bei Ileumfistelhunden (m. J. Brüggemann). — Ber. 87 ('35) 171–178.

Scheunert, Arthur. Über die Resorption von Vitamin B im Dünndarm (m. M. Schieblich). — Ber. **87** ('35) 179–184.

— Die Konstanz des Vitamingehalts in frischen Vegetabilien (m. K.-H. Wagner). — Ber. **91** ('39) 307–312.

Schieblich, Martin: Über die Resorption von Vitamin B im Dünndarm (m. A. Scheunert). — Ber. **87** ('35) 179–184.

Schiebold, Ernst: Die Verwendung der Lauediagramme zur Bestimmung der Struktur des Kalkspates (m. 46 Fig.). — Abh. **36** ('19) Nr. 2, 67–213.

— Über eine neue Herleitung und Nomenklatur der 230 kristallographischen Raumgruppen. Mit Atlas der 230 Raumgruppen-Projektionen (m. 313 schwarzen, 36 farb. Abb. auf 46 Tafeln. — Abb. **40** ('29) Nr. 5, 197 + 22 S.

Schiller, Karl: Die Beobachtungen der Polarissima $BD + 89^0 1$ am Straßburger Meridiankreis. — Ber. **89** ('37) 45–103.

— Zonenbeobachtungen der Anhaltsterne für die Wiederholung des A.G.-Kataloges an der Universitätssternwarte Leipzig (m. H. Naumann). — Ber. **90** ('38) 25–46.

Schiller, Ludwig: Alarmvorrichtung zum Luftdruckvariometer für Ballonfahrten (m. 2 Fig.). — Ber. **62** ('10) 42–45.

— Widerstands- und Beschleunigungsmessungen an frei steigenden Pilotballonen mittels photographischer Registrierung (m. A. Döge) (m. 2 Fig.). — Ber. **64** ('12) 13–25.

— Schraubenwind und Tragflächen. Ein paar Modellversuche (m. 3 Fig.). — Ber. **68** ('16) 179–183.

Schmidt, Harry: Über eine allgemeine Klasse in rationale Faktoren zerfallender Determinanten. — Ber. **75** ('23) 25–30.

— Über eine spezielle Substitutionsgruppe (m. K. Geiger). — Ber. **80** ('28) 379–382.

Schmidt, Hermann: Zum Umkehrproblem bei periodischen und fastperiodischen Funktionen (m. 2 Fig.). — Ber. **90** ('38) 83–96.

Schmitthenner, Heinrich, *seit 31. 7. 1934 o. Mitgl., seit 1945 auswärt. Mitgl., gest. 3. 5. 1957:* Die Muschelkalkstufe in Ostthüringen (m. 5 Fig.). — Ber. **91** ('39) 85–118.

— Muschelkalkstufe und Talgeschichte im Gebiet der unteren Unstrut (m. 1 Karte). — Ber. **91** ('39) 313–332.

Schneider, C.: Resultate von Untersuchungen über die Myelogenese der Vestibularisbahnen. — Ber. **73** ('21) 277–282.

Scholl, Roland, *seit 1. 7. 1920 o. Mitgl., gest. 22. 8. 1945:* Nachruf auf Ludwig Knorr, gehalten am 30. Juni 1923. — Ber. **75** ('23) 155–165.

Schuck, Fritz: Tektonisch-petrologische Studien am Mittweidaer Granitkörper (m. 20 Fig., 1 Taf.). — Abh. **39** ('27) Nr. 7, 42 S.

— Über Pegmatite des Mittweidaer Granits und ihre Drusenminerale (m. 14 Fig. [2 Taf.]). — Abh. **41** ('31) Nr. 3, 26 S.

Schüller, Arno: Prävariskische Glieder der Sächsisch-Fichtelgebirgischen kristallinen Schiefer, 3: Über epizonal verformte Magmatite des westlichen Fichtelgebirges, ihre genetische Ableitung und ihre Weiterbildung im Hornfelsfacies. Mit Vorwort von K. H. Scheumann (m. 32 Fig., 2 Karten). — Abh. **42** ('34) Nr. 3, 70 S.

Schürer, Fritz: Über die Funktional-Differentialgleichung $f'(x+1) = a \cdot f(x)$. — Ber. **64** ('12) 167–236; **65** ('13) 239–246.

— Über eine lineare Funktionaldifferentialgleichung. — Ber. **65** ('13) 139–143.

— Über Analogien zwischen den Lösungen der Gleichung $f'(x+1) = a \cdot f(x)$ und den ganzen Funktionen komplexer Veränderlicher. — Ber. **65** ('13) 247–263.

— Über die Funktional-Differentialgleichung

$$c_0 \cdot f(x) + c_1 \cdot f'(x) + \ldots + c_n f^{(n)}(x) = f(x-1).$$

— Ber. **66** ('14) 137–159; **67** ('15) 356–363.

— Eine gemeinsame Methode zur Behandlung gewisser Funktionalgleichungsprobleme. — Ber. **70** ('18) 185–240.

— Ein abgeschlossenes Funktionensystem allgemeiner Art. — Ber. **83** ('31) 91–142.

Schwanhäusser, Fritz: Bestimmung der Differentialinvarianten von Gruppen der Ebene aus den Definitionsgleichungen. — Ber. **74** ('22) 43–60.

Schwatt, Isaac Joachim: The Summation of a general Type of Fourier's Series. — Ber. **80** ('28) 251–272.

Seifert, Herbert: Konstruktion dreidimensionaler geschlossener Räume (m. 14 Fig.). — Ber. **83** ('31) 26–66.

Siedentopf, H.: Über das Verhalten der α-Ketovalerolakton-γ-carbonsäure im Tierkörper (m. R. Enger). — Ber. **80** ('28) 122–126.

Siegfried, Max, *seit 18. 2. 1918 o. Mitgl., gest. 22. 2. 1920:* Zur Kenntnis der Hydrolyse des Eiweißes (m. 1 Taf.). — Ber. **55** ('03) 63–87.

— Über Protokyrine. — Ber. **56** ('04) 117–122.

— Eine neue Reaktion amphoterer Körper. — Ber. **57** ('05) 34–44.

— Über die Einwirkung von Quecksilberchlorid auf Glykokoll. — Ber. **62** ('10) 57–68.

Smits, A.: Über Schwefelsäureanhydrid. — Ber. **75** ('23) 58–61.

Sommer, Martin: Beitrag zur petrochemischen Kenntnis des Lausitzer Granitmassivs (m. 7 Fig., 4 Taf.). — Ber. **67** ('15) 117–187.

Stäckel, Paul: Beiträge zur Flächentheorie. — Ber. **48** ('96) 478–504; **50 M** ('98) 3–20; **54** ('02) 101–120.

— Anwendungen von Lie's Theorie der Transformationsgruppen auf die Differentialgleichungen der Dynamik. — Ber. **49** ('97) 411–442.

— Über das Dirichlet'sche Integral. — Ber. **53** ('01) 147–151.

Staude, Otto: Die Gleichung der Ellipsoide und Hyperboloide als Resolvente der biquadratischen Gleichung der gebrochenen Focaldistanzen (m. 1 Fig.). — Ber. **49** ('97) 75–84.

Staude, Otto: Die algebraische Grundlage der Focaleigenschaften der Paraboloide (m. 2 Fig.). — Ber. **49** ('97) 172–180.

— Der Reye'sche Axencomplex der Flächen 2. Ordnung und die permanenten Verticalaxen bei der Rotation eines schweren Körpers um einen festen Punkt. — Ber. **51** M ('99) 219–223.

Steche, Hans: Beiträge zur Frage der Strukturböden (m. 39 Abb.). Ber. **85** ('33) 193–272.

Steinhaus, Hugo: Zur Praxis der Rektifikation und zum Längenbegriff. — Ber. 82 ('30) 120–130.

Sternberg, Wolfgang: Einige Sätze über Mittelwerte. — Ber. **71** ('19) 277 bis 285.

Sterzel, J. T.: Die organischen Reste des Kulms und Rotliegenden der Gegend von Chemnitz (m. 15 Taf., 1 Fig.). — Abh. **35** ('18) Nr. 5, 203–315.

Steude, Elisabeth: Über eine Klasse transitiver Transformationsgruppen eines R_{2m}. — Ber. 82 ('30) 193–208.

Stolzenberg, Rudolf: Kegelschnittverwandtschaft bei konformer Abbildung durch rationale Funktionen zweiten Grades (m. 4 Fig.). — Ber. 82 ('30) 57–68.

Stobbe, Hans, *seit 17. 6. 1907 ao. Mitgl., seit 25. 2. 1924 o. Mitgl., gest. 3. 8. 1938:* Phototropieerscheinungen (m. 44 Fig.). — Ber. **74** ('22) 161–250.

Stohmann, Friedrich, *seit 23. 4. 1891 o. Mitgl., gest. 1. 11. 1897:* Calorimetrische Untersuchungen, 36. Abh.: Über den Wärmewerth der Amide und Anilide der ersten Glieder der Reihe der zweibasischen Säuren (m. E. Haussmann). — Ber. **49** ('97) 1–74.

Strack, Erich, *seit 14. 2. 1949 o. Mitgl.:* Versuche über ganz einseitige Ernährung (m. 4 Abb., 1 Taf., 19 Kurven). — Ber. **84** ('32) 129 bis 208.

— Stoffwechseluntersuchungen am narkotisierten Hund, 1: Der Respirationsapparat nach Benedict, umgebaut zur Durchführung von Dauerinfusionen (m. G. Wannschaff, W. Bergfried). — Ber. **88** ('36) 47–60.
∼ 2: Verfahren zur kontinuierlichen Dauerinfusion für das Studium des Gasstoffwechsels (m. G. Wannschaff) (m. 1 Fig.). — Ber. **92** ('40) 119–126.
∼ 3: Gleichgewichtseinstellung des Stoffwechsels unter der Dauerinfusion (m. G. Wannschaff) (m. 3 Fig.). — Ber. **92** ('40) 127–132.

— Eine Anordnung zur intravenösen Dauerinfusion (m. E. Balzer) (m. 3 Fig. [1 Taf.]). — Ber. **89** ('37) 105–112.

— Dauerinfusion von Insulin (m. E. Balzer) (m. 5 Fig.). — Ber. **89** ('37) 113–132.

— Über quantitative Beziehungen zwischen Insulin und Traubenzucker (m. E. Balzer, E. Gminden) (m. 6 Fig.). — Ber. **89** ('37) 349–368.

Strack, Erich: Das Ausnutzungsvermögen des Hundes für Fett (m. G. Friedrich) (m. 1 Fig.). — Ber. **93** ('41) 115–144.

Study, Eduard: Betrachtungen über Doppelverhältnisse (m. 1 Fig.). — Ber. **48** ('96) 199–220.

— Über Bewegungsinvarianten und elementare Geometrie. — Ber. **48** ('96) 649–664.

— Über die Invarianten der projectiven Gruppe einer quadratischen Mannigfaltigkeit von nicht verschwindender Discriminante. — Ber. **49** ('97) 443–461.

— Eine neue Darstellung der Kräfte der Mechanik durch geometrische Figuren (m. 15 Fig.). — Ber. **51** M ('99) 29–67.

— Die Elemente zweiter Ordnung in der ebenen projectiven Geometrie. — Ber. **53** ('01) 338–403.

— Über einige imaginäre Minimalflächen. — Ber. **63** ('11) 14–26.

— Das Prinzip der Erhaltung der Anzahl. Nebst einer Bemerkung von K. Rohn (m. 1 Fig.). — Ber. **68** ('16) 65–92.

Sulze, Walter: Über eine quantitative Gesetzmäßigkeit bei der Hautresorption der Wasserwirbeltiere (m. 3 Fig.). — Ber. **79** ('27) 180–191.

— Zur Frage der Fettresorption. — Ber. **85** ('33) 150–153.

— Über die Ausscheidung von Farbstoffen durch die Darmschleimhaut. — Ber. **89** ('37) 3–8.

Szegö, Gabriel: Über „dichte" Funktionenfamilien. — Ber. **78** ('26) 373 bis 380.

Tagamlizki, Ja. A.: Zum allgemeinen Kreisnormierungsprinzip der konformen Abbildung. — Ber. **95** ('43) 111–132.

Tams, Ernst: Zur Frage des Einflusses von Sonne und Mond auf die Stoßfrequenz der vogtländischen Erdbebenschwärme. — Ber. **76** ('24) 179–187.

— Zur Frage des Einflusses des Luftdrucks auf die Stoßfrequenz der vogtländischen Erdbebenschwärme. — Ber. **76** ('24) 188–203.

Techner, F.: Das Verhalten eines Kreatinhomologen im Tierkörper. — Ber. **82** ('30) 219–226.

Thomae, Johannes, *seit 18. 7. 1885 o. Mitgl., gest. 2. 4. 1921:* Über die durch die leuchtende Sonnenkugel und den Saturnring erzeugte Schattenfläche (m. 2 Fig.). — Ber. **48** ('96) 530–582.

— Lineare Construction der Fläche zweiter Ordnung aus neun Punkten. — Ber. **49** ('97) 315–328.

— Projectiver Beweis vom Schwerpunktsatze des Vierecks (m. 5 Fig.). — Ber. **50** M ('98) 254–260.

— Über orthogonale Invarianten der Curven dritter Ordnung (m. 2 Fig.). — Ber. **51** M ('99) 317–353.

Thomae, Johannes. Über ultraelliptische Integrale (m. 4 Fig.). — Ber. **52** ('00) 105–116.
— Lineare Konstruktion einer Raumkurve dritter Ordnung aus drei Paaren konjugiert imaginärer Punkte. — Ber. **54** ('02) 121–124.
— Projectiver Beweis einiger elementaren Sätze aus der Theorie der ebenen Curven dritter Ordnung. — Ber. **54** ('02) 125–135.
— Integration einer Differentialgleichung zweiter Ordnung. — Ber. **54** ('02) 136–138.
— Über orthogonale Invarianten und Kovarianten bei Kurven dritter Ordnung mit unendlich fernem Doppelpunkte. — Ber. **55** ('03) 108 bis 131.
— Parameterdarstellung der Schnittkurve zweier Flächen zweiter Ordnung. — Ber. **56** ('04) 257–272.
— Winkeltreue Abbildung einer durch zwei aufeinander senkrecht stehende geradlinige Schlitze begrenzten Ebene auf ein Rechteck. — Ber. **57** ('05) 79–86.
— Eine Abbildungsaufgabe. — Ber. **58** ('06) 172–191.
— Parameterdarstellung der Raumkurven vierter Ordnung. — Ber. **60** ('08) 306–324.
— Parameterdarstellung der Kurven dritter Ordnung. — Ber. **61** ('09) 132–149; **62** ('10) 197–217.
— Über den Steinerschen Strahlenbüschel (m. 4 Fig.). — Ber. **63** ('11) 27–64; 446–476.
— Über die äquianharmonische Kovariante zweier Kegelschnitte (m. 3 Fig.). — Ber. **64** ('12) 446–478.
— Über einen Satz von Rosanes (m. 3 Fig.). — Ber. **65** ('13) 316–325.
— Beiträge zur Theorie der elliptischen Funktionen, 1 (m. 7 Fig.). — Ber. **66** ('14) 83–97; ∼ 2. — Ber. **67** ('15) 201–216.
— Der Abel-Dirichletsche Satz. — Ber. **67** ('15) 217–222.
— Über den Steinerschen Strahlenbüschel und den Dreispitz (m. 15 Fig.). — Abh. **35** ('16) Nr. 3, 67–134.
— Über die Umkehrung eines elliptischen Integrals zweiter Gattung (m. 2 Fig.). — Ber. **69** ('17) 63–88.
— Zum Ponceletschen Schließungsproblem. — Ber. **69** ('17) 287–305.
— Über die harmonische Kovariante zweier Kegelschnitte (m. 2 Fig.). — Ber. **69** ('17) 461–484; ∼ 2 (m. 2 Fig.). — Ber. **70** ('18) 289–324.
— Die Liebmannsche Formel für das Ponceletsche Dreieck. — Ber. **70** ('18) 108–126.
— Die harmonische Kovariante zweiter Art für zwei Kegelschnitte mit vier reellen Schnittpunkten. — Ber. **71** ('19) 286–310.

Thomas, Karl, *seit 27. 2. 1922 o. Mitgl., seit 1945 auswärt. Mitgl.:* Nachruf auf Siegfried Garten, gesprochen am 1. Juli 1924. — Ber. **76** ('24) 159–169.

Thomas, Karl. Ein Beitrag zur Ermittlung des Aufbaus der Proteine (m. J. Kapfhammer). — Ber. **77** ('25) 181–188.

— Nachruf auf Rudolf Böhm, gesprochen am 13. Nov. 1926. — Ber. **78** ('26) 348–357.

— Nachruf auf Wilhelm Ellenberger, gesprochen am 16. Nov. 1929. — Ber. **81** ('29) 277–284.

— Nachruf auf Martin Gildemeister. — Ber. **96** ('44) 61–66.

Threllfall, William: Gruppenbilder (m. 47 Abb.). — Abh. **41** ('32) Nr. 6, 59 S.

Trautwein, Hans: Können Monoglyceride ungespalten resorbiert werden? (m. G. Rosenthal). — Ber. **86** ('34) 325–338.

Tschesno, D.: Studien über Sn-Bi- und Sn-Cd-Legierungen in festem Zustande unter besonderer Berücksichtigung stabiler Gleichgewichtseinstellungen bei verschiedenen Temperaturen (m. M. Le Blanc, B. Naumann) (m. 21 Fig.). — Ber. **79** ('27) 71–106.

Türkheim, Wilhelm: Ein Beitrag zur Frage der Fettbildung aus Zucker. Gaswechseluntersuchungen am Hund bei intravenöser Dauerinfusion von Glukose (m. W. W. Kühnau, G. Logaras) (m. 4 Fig.). — Ber. **91** ('39) 25–60.

Uebermuth, Herbert: Über die Altersveränderungen der menschlichen Zwischenwirbelscheibe und ihre Beziehung zu den chronischen Gelenkleiden der Wirbelsäule (m. 39 Fig.). — Ber. **81** ('29) 111–170.

Uibe, Martin: Drei optisch-meteorologische Beobachtungen (m. H. Dember) (m. 1 Fig.). — Ber. **68** ('16) 46–49.

— Über die scheinbare Gestalt des Himmelsgewölbes (m. H. Dember) (m. 2 Fig.). — Ber. **69** ('17) 139–148.

— Über die spektrale Polarisation des diffusen Sonnenlichts in der Erdatmosphäre (m. H. Dember) (m. 5 Fig.). — Ber. **69** ('17) 149–165. ~ 2: Zur Kenntnis der Haidingerschen Polarisationsbüschel im blauen Himmelslicht (m. H. Dember) (m. 2 Fig.). — Ber. **72** ('20) 1–11.

— Über die Gestalt des sichtbaren Himmelsgewölbes (m. H. Dember) (m. 16 Fig.). — Ber. **69** ('17) 391–411.

— Versuch einer physikalischen Lösung des Problems der sichtbaren Größenänderung von Sonne und Mond in verschiedenen Höhen über dem Horizont (m. H. Dember) (m. 20 Fig.). — Ber. **69** ('17) 485–509.

— Über die Helligkeitsverteilung des diffusen Sonnenlichts am klaren Himmel (m. 6 Fig., 28 Taf.). — Abh. **35** ('18) Nr. 6, 317–367.

— Über eine physikalische Theorie der Bewegung des Erdschattens in der Atmosphäre (m. H. Dember) (m. 2 Fig.). — Ber. **71** ('19) 227–239.

Ullrich, Hermann: Aerobe Gärung in wachsenden Pflanzengeweben (m. W. Ruhland) (m. 1 Fig.). — Ber. **88** ('36) 11–20.

Valeton, Josué J. P.: Kristallform und Löslichkeit (m. 10 Fig., 1 Abb. auf 1 Taf.). — Ber. **67** ('15) 1–59.

Vater, Heinrich: Über die Einwirkung von Alkalicarbonatlösungen auf Gyps und Anhydrit. — Ber. **51** N ('99) 1—3.

Voerkel, S. Heinz: Zur Phototaxis der Chloroplasten. — Ber. **85** ('33) 97 bis 106.

Volkelt, Johannes, *seit 21. 2. 1910 o. Mitgl., gest. 8. 5. 1930:* Nachruf auf Wilhelm Wundt, gehalten am 1. Juli 1921. — Ber. **73** ('21) 327–342.

Volz, Wilhelm, *seit 14. 11. 1925 o. Mitgl., gest. 14. 1. 1958:* Geographische Ganzheitlichkeit. — Ber. **84** ('32) 91–113.

— Das Problem der Gliederung des deutschen Raumes (m. 2 Karten). — Ber. **87** ('35) 3–26.

van der Waerden, Bartel Leender, *seit 31. 7. 1934 o. Mitgl., später auswärt. Mitgl.:* Empirische Bestimmung von Wahrscheinlichkeiten und physiologische Konzentrationsauswertung. — Ber. **87** ('35) 353–364.

— Messung von Wahrscheinlichkeiten, insbesondere Mortalität von Krankheiten, Operationen usw. (m. 2 Fig.). — Ber. **88** ('36) 21–30.

— Arithmetik und Rechentechnik der Ägypter. — Ber. **89** ('37) 171–172.

— Nachruf auf Otto Hölder, gesprochen am 25. Juni 1938. — Ber. **90** ('38) 97–102.

— Vertrauensgrenzen für unbekannte Wahrscheinlichkeiten (m. 8 Fig.). — Ber. **91** ('39) 213–228.

— Biologische Konzentrationsauswertung. — Ber. **92** ('40) 41–44.

— Die Voraussage von Finsternissen bei den Babyloniern. — Ber. **92** ('40) 107–114; **93** ('41) 19–20.

— Topologie und Uniformisierung der Riemannschen Flächen. Paul Koebe zum 60. Geburtstag am 15. Februar 1942 gewidmet (m. 10 Fig.). — Ber. **93** ('41) 147–160.

— Die Berechnung der ersten und letzten Sichtbarkeit von Mond und Planeten und die Venustafeln des Ammiṣaduqa (m. 8 Fig.). — Ber. **94** ('42) 23–56.

— Das χ^2-Kriterium in der mathematischen Statistik (m. 1 Fig.). — Ber. **95** ('43) 91–110.

— Die Zulässigkeit des χ^2-Kriteriums für kleine Versuchszahlen (m. M. Gildemeister). — Ber. **95** ('43) 145–150.

— Die Astronomie des Heraklides von Pontos (m. 6 Fig.). — Ber. **96** ('44) 47–56.

Wagner, Karl-Heinz: Die Konstanz des Vitamingehalts in frischen Vegetabilien (m. A. Scheunert). — Ber. **91** ('39) 307–312.

— Ist die β-Carotinresorption der Ratte von den als Lösungsmittel verwendeten Fetten abhängig? — Ber. **96** ('44) 17–46.

Walker, Richard: Die Hilbertschen Axiome der Geometrie und ihre gegenseitige Unabhängigkeit (m. 9 Fig.). — Ber. **95** ('43) 151–170.

Walter, Fritz: Experimentelle und theoretische Untersuchungen über die Strömungsformen hinter scharfkantigen Widerstandskörpern, sowie Beziehungen zum Widerstandsproblem (m. 81 Fig., 2 Taf.). — Ber. 92 ('40) 139–234.

Walther, Alwin: Bemerkungen zur angenäherten Tangentenkonstruktion von Pirani (m. Th. Zech) (m. 7 Fig.). — Ber. **85** ('33) 45–56.

Wannschaff, Georg: Stoffwechseluntersuchungen am narkotisierten Hund, 1: Der Respirationsapparat nach Benedict, umgebaut zur Durchführung von Dauerinfusionen (m. E. Strack, W. Bergfried). — Ber. **88** ('36) 47–60.

∼ 2: Verfahren zur kontinuierlichen Dauerinfusion für das Studium des Gasstoffwechsels (m. E. Strack) (m. 1 Fig.). — Ber. **92** ('40) 119 bis 126.

∼ 3: Gleichgewichtseinstellung des Stoffwechsels unter der Dauerinfusion (m. E. Strack) (m. 3 Fig.). — Ber. **92** ('40) 127–132.

Watson, William, M. A. B. Sc.: Das Volumen des Wassers bei hohen Drucken und Temperaturen (m. 1 Fig.). — Ber. **63** ('11) 264–270.

von Weber, Eduard: Résumé einer Integrationstheorie höherer partieller Differentialprobleme. — Ber. **49** ('97) 329–341.

— Zur Invariantentheorie der Systeme Pfaff'scher Gleichungen. — Ber. **50** M ('98) 207–229.

— Liniengeometrie und Pfaff'sche Systeme. — Ber. **52** ('00) 179–213.

— Die komplexen Bewegungen. — Ber. **55** ('03) 384–408.

Weber, Josef: Beobachtungen auf der Leipziger Sternwarte zur Erosopposition 1930/31. Mit einem Vorwort von J. Hopmann (m. W. Schaub, H. Naumann) (m. 1 Fig.). — Abh. **42** ('36) Nr. 4, 49 S.

Wegner, Udo: Bemerkungen über das Liesche Verfahren zur Erzeugung endlicher linearer Transformationen aus ihrem Keime und die linearen Differentialsysteme mit konstanten Koeffizienten. — Ber. **85** ('33) 41–44.

Weickmann, Ludwig, *seit 1. 7. 1925 o. Mitgl., 1928–1937 stellvertret. Sekretar, 1938–1940 Sekretar der math.-phys. Klasse, 1940–1945 Präsident der Akademie, seit 1945 auswärt. Mitgl.:* Wellen im Luftmeer. Neuere Untersuchungen über Gesetzmäßigkeiten im Gange und in der Verteilung des Luftdruckes. Erste Mitt. Symmetriepunkte des Luftdruckganges. Der Luftdruck als zusammengesetzte Schwingung (m. 29 Fig., 6 Taf.). — Abh. **39** ('24) Nr. 2, 46 S.

— Nachruf auf Otto Wiener, gesprochen am 1. Juli 1927. — Ber. **79** ('27) 107–123.

— Bericht der Erdbebenwarte des Geophysikalischen Instituts der Universität Leipzig, 1: Der Umbau des Leipziger Seismographen und die in den Jahren 1925, 1926 und 1927 aufgezeichneten Erdbeben (m. 14 Fig., 11 Taf.). — Ber. **80** ('28) 385–496.

∼ 4: Die in den Jahren 1931 bis 1935 in Leipzig und im Observatorium am Collmberg aufgezeichneten Erdbeben (m. P. Mildner) (m. 14 Fig., 4 Taf.). – Ber. **89** ('37) 205–346.

Weickmann, Ludwig. Die meteorologischen Ergebnisse der Polarfahrt des „Graf Zeppelin". Juli 1931 (m. 15 Abb., 4 Taf., 21 Wetterkarten). – Ber. **83** ('31) 333 bis 346.

– Beobachtung von Strukturböden während der Polarfahrt des „Graf Zeppelin", Juli 1931 (m. 4 Taf.). – Ber. **84** ('32) 121–122.

– Ein Taschenthermohygrograph als bioklimatisches Forschungsmittel (m. 4 Abb.). – Ber. **90** ('38) 47–54.

Weise, Karl Heinrich: Axiomatischer Aufbau der Operationen im Tensorraum, 4 (m. R. König). – Ber. **87** ('35) 223–250.

– Zur konformen Abbildung zweier Flächen mit beliebigen Parametern (m. R. König). – Ber. **92** ('40) 19–32.

– Bemerkung zur Abbildung zweier Flächen. – Ber. **92** ('40) 45–50.

Weitzel, Günther: Stoffwechselversuche mit Adipinsäure. – Ber. **93** ('41) 9–18.

Wetzel, Karl: Zur Physiologie der sogenannten Blattrollkrankheit der Kartoffelpflanze (m. W. Ruhland). – Ber. **85** ('33) 141–149.

Wiener, Otto, *seit 31. 7. 1899 o. Mitgl., gest. 18. Jan. 1927:* Worte zum Gedächtnis an Ernst Abbe, gesprochen am 14. Nov. 1906. – Ber. **58** ('06) 629–646.

– Der Zusammenhang zwischen den Angaben der Reflexionsbeobachtungen an Metallen und ihren optischen Konstanten (m. 18 Fig.). – Abh. **30** ('08) Nr. 5, 491–555.

– Zur Theorie der Stäbchendoppelbrechung. – Ber. **61** ('09) 113–116.

– Zur Theorie der Refraktionskonstanten. – Ber. **62** ('10) 256–277.

– Die Theorie des Mischkörpers für das Feld der stationären Strömung, 1: Die Mittelwertsätze für Kraft, Polarisation und Energie (m. 9 Fig.). – Abh. **32** ('12) Nr. 6, 507–604.

– Anschauliche Ableitung und Erweiterung des Greenschen Satzes und daraus unmittelbar fließende Kirchhoffsche Fassung des Huygens-Fresnelschen Prinzips. – Ber. **65** ('13) 123–130.

– Viktor Schumann. Nekrolog, gesprochen am 14. Nov. 1913. – Ber. **65** ('13) 409–427.

– Ein allgemeiner Satz über die Schutzwirkung von Schirmen gegen Wärmeübertragung. – Ber. **70** ('18) 13–17.

– Die streckenweise Berechnung der Geschoßflugbahnen (m. 4 Fig.). – Abh. **36** ('19) Nr. 1, 1–66.

– Der Wettstreit der Newtonschen und Huygensschen Gedanken in der Optik. – Ber. **71** ('19) 240–254.

– Das Grundgesetz der Natur und die Erhaltung der absoluten Geschwindigkeiten im Äther (m. 9 Abb.). – Abh. **38** ('21) Nr. 4, 87 S.

– Nachruf auf Wilhelm Hallwachs, gesprochen am 18. Nov. 1922. – Ber. **74** ('22) 291–316.

Wiener, Otto. Die mathematische Fassung des Grundgesetzes. — Ber. 75 ('23) 132–143.

— Die allgemeinen Voraussetzungen für die Ableitung des Grundgesetzes (m. 2 Fig.). — Ber. **76** ('24) 170–178.

— Nachruf auf Theodor Des Coudres, gesprochen am 13. Nov. 1926. — Ber. **78** ('26) 358–370

Winkler, Clemens, *seit 13. Dez. 1890 o. Mitgl., gest. 8. 10. 1904:* Über die Möglichkeit der Einwanderung von Metallen in Eruptivgesteine unter Vermittlung von Kohlenoxyd. — Ber. **52** ('00) 9–16.

Winternitz, Artur: Über eine Klasse von linearen Funktional-Ungleichungen und über konvexe Funktionale (m. 3 Fig.). — Ber. **69** ('17) 349–390.

Wintner, Aurel: Theorie der quantenmechanischen Matrizen von wasserstoffähnlichem Spektrum. Eine mathematische Begründung. — Ber. **79** ('27) 145–157.

— Über eine Revision der Sortentheorie des restringierten Dreikörperproblems (m. 3 Fig.). — Ber. **82** ('30) 3–56.

— Über eine Sorte von periodischen Stoßlösungen in dem restringierten Dreikörperproblem. — Ber. **82** ('30) 105–119.

— Über die Jacobische Differentialgleichung des restringierten Dreikörperproblems. — Ber. **82** ('30) 345–354.

Wislicenus, Johannes, *seit 16. 12. 1885 o. Mitgl., 1894–1901 Sekretar der math.-phys. Klasse, gest. 5. 12. 1902:* Die tautomeren Formen des Dibenzoylmethans. — Ber. **49** ('97) 301–306.

— Die geometrisch-isomeren Pseudobutylene. — Ber. **49** ('97) 307–314.

— Über Bildung carbocyklischer Verbindungen aus 1.5- und 1.6-Diketonen durch Überführung in ihre Pinakone. — Ber. **49** ('97) 469–474.

— Das Isostilben. — Ber. **52** ('00) 117–123.

Wolski, P.: siehe M. Le Blanc.

Wundt, Wilhelm, *seit 24. 7. 1882 o. Mitgl., gest. 31. 8. 1920:* Die geometrisch-optischen Täuschungen (m. 65 Fig.). — Abh. **24** ('98) Nr. 2, 55–178.

— Gedächtnisrede auf Gottfried Wilhelm Leibniz. — Ber. **68** ('16) 255–266.

Young, William H.: Zur Lehre der nicht abgeschlossenen Punktmengen. — Ber. **55** ('03) 287–295.

— Über eine Summationsmethode für die Fouriersche Reihe. — Ber. **63** ('11) 369–387.

Zech, Theodor: Bemerkungen zur angenäherten Tangentenkonstruktion von Pirani (m. A. Walther) (m. 7 Fig.). — Ber. **85** ('33) 45–56.

Zirkel, Ferdinand, *seit 23. 4. 1874 o. Mitgl., 1904–1905 Sekretar der math.-phys. Klasse, gest. 11. 6. 1912:* Über Urausscheidungen in rheinischen Basalten. — Abh. **28** ('03) Nr. 3, 101–198.

— Zur Erinnerung an Leibniz. — Ber. **56** ('04) 298–301.

Zirkel, Ferdinand. Nachruf auf Ferdinand Frhr. von Richthofen, gesprochen am 14. Nov. 1905. — Ber. **57** ('05) 321–323.

Żorawski, K.: Über einige Kategorien infinitesimaler Transformationen der Ebene. — Ber. **52** ('00) 77–89.

— Notiz über Translationsflächen. — Ber. **57** ('05) 233–245.

— Zur Invariantentheorie der Differentialformen zweiten Grades. — Ber. **59** ('07) 160–186; **60** ('08) 20–52; **61** ('09) 3–30.

— Über Invarianten gewisser Formensysteme. — Ber. **66** ('14) 103–117.

Zsigmondy, Richard: Über Pleochroismus doppelbrechender Gelatine nach Färbung mit Gold- und Silberlösungen (m. H. Ambronn). — Ber. **51** N ('99) 13–15.

Zwirner, K.: Bemerkung zu der Abhandlung von Herrn Herglotz: „Zur Riemannschen Metrik". — Ber. **77** ('25) 85–88.

SACHREGISTER

BIBLIOGRAPHISCHE ÜBERSICHT

Abhandlungen der mathematisch-physischen Klasse der Königlichen [seit 1919 *nur*] Sächsischen Akademie der Wissenschaften zu Leipzig

Band d. math.-phys. Klasse	Band d. ganzen Reihe	Jahr	Nummern	Seiten	Fig.	Tafeln	Karten	Faks.	Panorama
23	40	1897	6	558	55	13	—	—	—
24	42	1898	6	495	82	12	2	—	—
25	43	1900	7	453	62	25	—	—	—
26	45	1901	7	556	140	35	—	—	—
27	46	1902	9	919	60	13	—	—	—
28	49	1903	7	617	49	17	1	—	—
29	51	1906	8	628	13	6	1	1	—
30	56	1909	6	583	87	3	—	—	—
31	58	1909	8	492	70	25	—	—	—
32	61	1913	7	776	142	10	—	—	—
33	63	1917	3	XX, 458	73	33	—	—	—
34	64	1917	3	572	52	88	—	—	—
35	—	1920	7	720	117	43	—	—	—
36	—	1920	5	522	75	7	—	—	—
37	—	1920	2	474	20	40	1	—	—
38	—	1921	9	486	57	17	1	—	—
39	—	1927	7	404	206	13	—	—	—
40	—	1929	5	410	379	58	1	—	1
41	—	1933	7	434	116	10 + [5]	—	—	—
42	—	1938	7	524	202	[17]	9	—	—
43	—	1945	3	207	8	—	—	—	—

Berichte über die Verhandlungen der Königlich [seit 1919 *nur*] Sächsischen Akademie der Wissenschaften zu Leipzig
Mathematisch-physische Klasse

Band	Jahr	Hefte	Seiten	Fig.	Abb.	Taf.	Tab.	Karten	Kurven
48	1896	6	XXVI, 719	8(9)	—	—	—	—	—
49	1897	6	XXIV 747	13	—	2	—	—	—
50	1898	5 + 1	XXVI, 294 + 62	26 + 3	2	—	—	—	—
51	1899	6 + 1	CIV 456 + 24	51	—	—	—	—	—
52	1900	7	XXVII, 245	15	—	—	1	—	—
53	1901	7	XXXV, 520	15	—	2	—	—	—
54	1902	8	XXVIII, 423 + 33	22	2	2	—	—	—
55	1903	6	XXIX, 428	6	—	4	1	—	—
56	1904	5	XXVIII, 348	6	—	6	5	—	—
57	1905	6	XXX, 395	13	—	4	—	—	—
58	1906	8	XXIX, 646	7	—	1	—	—	—
59	1907	4	XXVIII, 408	22	—	7	—	1	—
60	1908	8	XXIX, 390	16	—	2	—	—	—
61	1909	5	XXIX, 170	5	—	1	—	—	—
62	1910	7	XXVII, 418	42	—	2	—	—	—
63	1911	9	XXVIII, 555	105	—	—	—	—	—
64	1912	7	XXVII, 508	16	—	—	—	—	—
65	1913	5	XXIX, 427	57	—	6	—	—	—
66	1914	3	XXIII, 195	12	—	—	—	—	—
67	1915	4	XVII, 403	59	—	25	—	—	—
68	1916	4	XVI, 266	44	—	9	—	1	—
69	1917	4	XVII, 588	86	—	1	—	—	—
70	1918	3	XVI, 402	19	—	1	—	—	—
71	1919	4	XVI, 374	87	—	9	—	—	—
72	1920	3	XXI, 138	46	—	—	—	—	—
73	1921	5	XXVI, 342	76	—	9	—	—	—
74	1922	6	XXVI, 329	80	—	—	—	—	—
75	1923	3	XXVII, 165	13	—	—	—	—	—
76	1924	4	XXX, 293	32	—	—	—	—	—
77	1925	3	XXIX, 198	55	—	2	—	—	—
78	1926	5	XXXVIII, 444	8	—	2	—	—	—
79	1927	4	XXXIX, 214	48	—	[4]	—	—	—
80	1928	7	XXXVII, 507	50	—	14	—	—	—
81	1929	5	XXXV, 313	26	—	9	—	—	—
82	1930	6	XXXIV, 354	30	—	—	—	—	—
83	1931	6	XLII, 346	54	4	5	—	21	—
84	1932	5	XLII, 352	12	—	9	—	—	19
85	1933	5	XXXVIII, 278	35	39	—	—	—	—
86	1934	5	XLII, 410	19	10	7	—	4	—
87	1935	4	XLVIII, 364	58	—	1	—	2	—
88	1936	3	XLVIII, 178	46	—	—	—	—	—
89	1937	4	XLVI, 396	64	—	5	—	—	
90	1938	4	XLVI, 244	12	4	3	—	1	—
91	1939	4	XLIII, 332	51	—	—	—	1	—
92	1940	3	XXXVI, 234	101	—	2	—	—	—
93	1941	3	182	20	1	—	—	2	—
94	1942	2	XLIV, 70	8	—	—	—	—	—
95	1943	3	170	23	—	—	—	—	—
96	1944	1	66	6	—	—	—	—	—

ABHANDLUNGEN DER SÄCHSISCHEN AKADEMIE DER WISSENSCHAFTEN ZU LEIPZIG

Mathematisch-naturwissenschaftliche Klasse

Band 44

Heft 1 Dr. Günther Sterba: Über die morphologischen und histogenetischen Thymusprobleme bei Xenopus laevis Daudin nebst einigen Bemerkungen über die Morphologie der Kaulquappen
56 Seiten — 42 Abbildungen im Text — 4 dreifarbige Tafeln — 3 vierfarbige Tafeln — 4° — 1950 — DM 28,—

Heft 2 Prof. Dr. Anton Arland: Die Transpirationsintensität der Pflanzen als Grundlage bei der Ermittlung optimaler acker- und pflanzenbaulicher Kulturmaßnahmen
Ein neuer Weg zur Steigerung der Erträge der Kulturpflanzen
IV, 80 Seiten — 19 Abbildungen im Text und auf 10 Kunstdrucktafeln — 4° — 1952 — DM 12,— (vergriffen)

Heft 3 Prof. Dr. Hans Stubbe: Über einige theoretische und praktische Fragen der Mutationsforschung
23 Seiten — 11 Tafelseiten mit 37 Abbildungen — 17 Tabellen — 4° — 1952 — DM 4,50 (vergriffen)

Heft 4 Prof. Dr. Dr. Richard Arwed Pfeifer: Das rote Kernsystem und die Haltungs- und Stellreflexe beim Menschen
48 Seiten — 57 Abbildungen — 4° — 1954 — DM 10,— (vergriffen)

Heft 5 Prof. Dr. Walter Frenzel: Untersuchungen an Garn-verarbeitenden Maschinen
14 Seiten — 22 Abbildungen, davon 2 auf Kunstdrucktafeln — 4° — 1954 — DM 2,50

Heft 6 Prof. Dr. Kurt Schwabe: Chemische Kinetik und Polarographie
19 Seiten — 8 Abbildungen — 2 Tabellen — 4° — 1955 — DM 2,— (vergriffen)

Band 45

Heft 1 Prof. Dr. Karl Hermann Scheumann: Boudinagen und Mikroboudinagen im metagabbrischen Plagioklas-Amphibolit von Roßwein (Sächsisches Granulitgebirge)
18 Seiten — 3 Abbildungen — 12 Kunstdrucktafeln — 2 Tabellen — 4° — 1956 — DM 5,50

Heft 2 Prof. Dr. Arthur Simon: Über Untersuchungen am ferromagnetischen Träger des Magnettonbandes
16 Seiten — 24 Abbildungen — 4° — 1956 — DM 3,—

Heft 3 Prof. Dr. Wolfgang Langenbeck: Aktivierung als Kernproblem der Katalyse
20 Seiten — 14 Abbildungen — 4 Tabellen — 4° — 1956 — DM 2,50 (vergriffen)

Heft 4 Prof. Dr. Heinrich Brandt / Dr. Oskar Intrau: Tabellen reduzierter positiver ternärer quadratischer Formen
XVII Seiten — 261 Seiten Tabellen — 4° — 1958 — DM 16,—

Heft 5 Prof. Dr. Karl Schmalfuss: Einige systematische Untersuchungen zum Problem der Bodenfruchtbarkeit
32 Seiten — 7 Abbildungen — 17 Tabellen — 4° — 1957 — DM 3,60

Heft 6 Prof. Dr. Max Bürger: Die chemische Biomorphose des menschlichen Gehirns
62 Seiten — 11 Abbildungen — 41 Tabellen, davon 1 als Falttafel — 4° — 1957 — DM 6,70

Band 46

Heft 1 Prof. Dr. Heinrich Prell: Die Vorstellungen des Altertums von der Erdumfangslänge
94 Seiten — 4 Tabellen — 4° — 1959 — DM 10,50

Heft 2 Prof. Dr. Kurt Schwabe: Über Aziditätsmaße
24 Seiten — 15 Abbildungen — 3 Tabellen — 4° — 1959 — DM 3,—

Heft 3 Prof. Dr. ANTON ARLAND: „Tyrannei der Erde" — Ein Problem des modernen Landbaues
75 Seiten — 10 Kunstdrucktafeln — 4° — 1959 — DM 5,40

Heft 4 Prof. Dr. ALBRECHT PEIPER: Die Schwerkraftreflexe des Säuglings
16 Seiten — 28 Abbildungen — 4° — 1959 — DM 2,30

Heft 5 Prof. Dr. MAX BÜRGER: Die chemische Biomorphose des menschlichen Gehirns in ihren Beziehungen zu den Proteolipoiden (PLP)
44 Seiten — 12 Abbildungen — 21 Tabellen — 4° — 1959 — DM 7,50

Band 47

Heft 1 Prof. Dr. ERNST NEEF / Prof. Dr. GERHARD SCHMIDT / MAGDA LAUCKNER: Landschaftsökologische Untersuchungen an verschiedenen Physiotopen in Nordwestsachsen
112 Seiten — 16 Abbildungen — 38 Tabellen — 19 Anlagen — 1961 — DM 12,—

Heft 2 Prof. Dr. KARL HERMANN SCHEUMANN: Das Kornerupingestein von Waldheim in seinem genetischen Zusammenhang
23 Seiten — 12 Abbildungen auf 6 Kunstdrucktafeln — 4° — 1960 — DM 2,80

Heft 3 Prof. Dr. KARL HERMANN SCHEUMANN und Dr. THOMAS BOCK: Die Stellung des Cordierits in metatektischen Granulitderivaten des sächsischen Granulitgebirges
(In Vorbereitung)

Die Reihe wird fortgesetzt

BERICHTE ÜBER DIE VERHANDLUNGEN DER SÄCHSISCHEN AKADEMIE DER WISSENSCHAFTEN ZU LEIPZIG

Mathematisch-naturwissenschaftliche Klasse

Band 97

Heft 1 Prof. Dr. ERICH STRACK: Beobachtungen über den endogenen Anteil des Kot-Stickstoffs
24 Seiten — 8° — 1949 — DM 2,50 (vergriffen)

Heft 2 Prof. Dr. ERNST HÖLDER: Über die Variationsprinzipe der Mechanik der Kontinua
13 Seiten — 8° — 1950 — DM 2,75 (vergriffen)

Heft 3 Dr. H. GERSTNER / Dr. H. BAARK / Dr. H. GRAUL: Der Wechselstromwiderstand der Froschhaut
25 Seiten — 8° — 1950 — DM 2,75 (vergriffen)

Heft 4 Prof. Dr. HERBERT BECKERT: Existenz- und Eindeutigkeitsbeweise für das Differenzenverfahren zur Lösung des Anfangswertproblems, des gemischten Anfangs-Randwert- und des charakteristischen Problems einer hyperbolischen Differentialgleichung zweiter Ordnung mit zwei unabhängigen Variablen
42 Seiten — 8° — 1950 — DM 9,— (vergriffen)

Heft 5 Prof. Dr. HERBERT BECKERT: Über quasilineare hyperbolische Systeme partieller Differentialgleichungen erster Ordnung mit zwei unabhängigen Variablen. Das Anfangswertproblem, die gemischte Anfangs-Randwertaufgabe, das charakteristische Problem
68 Seiten — 8° — 1950 — DM 14,50 (*vergriffen*)

Heft 6 Prof. Dr.-Ing. ENNO HEIDEBROEK: Das Verhalten von zähen Flüssigkeiten, insbesondere Schmierflüssigkeiten, in engen Spalten
Nachdruck — 40 Seiten — 24 Abbildungen — 8° — 1952 — DM 5,80 (vergriffen)

Heft 7 Prof. Dr. Hans Schubert: Über eine lineare Integrodifferentialgleichung mit Zusatzkern

52 Seiten – 8° – 1950 – DM 9,25 (vergriffen)

Heft 8 Dipl.-Phys. Hermar Krupp: Bestimmung der allgemeinen Lösung der Schrödinger-Gleichung für Coulomb-Potential

28 Seiten – 8° – 1950 – DM 5,50 (vergriffen)

Band 98

Heft 1 Prof. Dr. Walter Schnee: Über magische Quadrate und lineare Gitterpunktprobleme

48 Seiten – 8° – 1951 – DM 4,65 (vergriffen)

Heft 2 Prof. Dr.-Ing. Enno Heidebroek: Über die Beziehungen zwischen Schmierung und Verschleiß bei geschmierter Gleitreibung

Nachdruck – 36 Seiten – 5 Abbildungen – 8° – 1954 – DM 2,75

Heft 3 Prof. Dr.-Ing. e. h. Karl Kegel: Der Salzstock Mirowo bei Provadia in Bulgarien

26 Seiten – 9 Abbildungen – 8° – 1951 – DM 3,– (vergriffen)

Heft 4 Prof. Dr. Herbert Beckert / Prof. Dr. Hans Salié: Bemerkungen über die Verbiegung hyperbolisch gekrümmter Flächenstücke / Über Abels Verallgemeinerung der binomischen Formel

22 Seiten – 2 Abbildungen – 8° – 1951 – DM 2,25 (vergriffen)

Heft 5 Prof. Dr. Erich Strack: Die Dauerinfusion als Verfahren zur Erforschung des Kohlenhydratstoffwechsels des Tierkörpers

20 Seiten – 8° – 1952 – DM 2,– (vergriffen)

Band 99

Heft 1 Prof. Dr. Heinrich Brandt: Über das quadratische Reziprozitätsgesetz

18 Seiten – 8° – 1951 – DM 1,90 (vergriffen)

Heft 2 Prof. Dr. Georg Spackeler: Der Gebirgsdruck und seine Beherrschung durch den Bergmann

36 Seiten – 12 Abbildungen – 8° – 1951 – DM 1,65 (vergriffen)

Heft 3 Prof. Dr. Ernst Diepschlag: Die Anwendbarkeit der Regelungstechnik in der Hüttenindustrie

38 Seiten – 12 Abbildungen – 8° – 1952 – DM 3,90

Heft 4 Prof. Dr. Albert Fromme: Die Bedeutung der Entwicklungsgeschichte, besonders des Mesenchyms für die Klinik

24 Seiten – 8° – 1952 – DM 1,75 (vergriffen)

Heft 5 Dr. Robert Böker: Die Entstehung der Sternsphäre Arats

68 Seiten – 4 Abbildungen – 2 Falttafeln – 3 Tabellen – 8° – 1952 – DM 5,60

Band 100

Heft 1 Prof. Dr. Heinrich Brandt: Über Stammfaktoren bei ternären quadratischen Formen

24 Seiten – 8° – 1952 – DM 2,25

Heft 2 Dr. Paul Günther: Zur Gültigkeit des Huygens'schen Prinzips bei partiellen Differentialgleichungen vom normalen hyperbolischen Typus

43 Seiten – 8° – 1952 – DM 5,–

Heft 3 Dr. Alfred Müller: Die Schaubarkeit in der Axonometrie

22 Seiten – 3 Falttafeln – 8° – 1952 – DM 3,– (vergriffen)

Heft 4 Prof. Dr.-Ing. Enno Heidebroek: Die Beziehungen zwischen Härte, Schmierung und Verschleißfestigkeit

Nachdruck – 40 Seiten – 10 Abbildungen – 8° – 1954 – DM 3,40

Heft 5 Prof. Dr. ROBERT SCHRÖDER: Frauenheilkunde in Forschung und Praxis
22 Seiten – 8° – 1952 – DM 1,35

Heft 6 Dr. Rolf REISSIG: Die pandiagonalen Quadrate vierter Ordnung
54 Seiten – 8° – 1952 – DM 5,–

Heft 7 Prof. Dr. MAX ROBITZSCH: Die Erforschung der Atmosphäre, ihre Methodik und ihre Probleme
30 Seiten – 12 Abbildungen – 4 Kunstdrucktafeln – 8° – 1953 – DM 2,50

Band 101

Heft 1 Prof. Dr. KURT SCHWABE: Periodische Erscheinungen bei der anodischen Auflösung des Zinks
33 Seiten – 14 Abbildungen – 8° – 1954 – DM 3,–

Heft 2 Dr. UDO PRIL: Positive Lösungen einer nichtlinearen Integralgleichung
44 Seiten – 2 Abbildungen – 8° – 1953 – DM 4,–

Heft 3 Dr. JOACHIM FOCKE: Asymptotische Entwicklungen mittels der Methode der stationären Phase
2. unveränderte Auflage – 48 Seiten – 8° – 1957 – DM 4,80 (vergriffen)

Heft 4 Prof. Dr. HANS SALIÉ: Zur Verteilung natürlicher Zahlen auf elementfremde Klassen
26 Seiten – 8° – 1954 – DM 2,50 (vergriffen)

Heft 5 Prof. Dr.-Ing. ENNO HEIDEBROEK: Die Verantwortlichkeit des Ingenieurs
22 Seiten – 8° – 1954 – DM 1,– (vergriffen)

Heft 6 Prof. Dr. HANS SCHUBERT / Dr. ERICH SCHINCKE: Zur Ermittlung von Unterschallströmungen mit der Transformationsmethode bei quadratischer Approximation der Adiabate
32 Seiten – 6 Abbildungen – 2 Tabellen – 8° – 1955 – DM 2,30

Heft 7 Dr. HELMUT SCHAEFER: Neue Existenzsätze in der Theorie nichtlinearer Integralgleichungen
40 Seiten – 8° – 1955 – DM 2,40

Band 102

Heft 1 Dr. PAUL GÜNTHER: Über einige spezielle Probleme aus der Theorie der linearen partiellen Differentialgleichungen zweiter Ordnung
50 Seiten – 8° – 1957 – DM 4,60 (vergriffen)

Heft 2 Prof. Dr. HANS SCHUBERT / Dr. ERICH SCHINCKE: Zum Konturproblem der Hodographenmethode im Unterschall
25 Seiten – 8° – 1957 – DM 2,20

Heft 3 Prof. Dr. FRANZ RUNGE: Über die Polymerisation ungesättigter organischer Verbindungen
13 Seiten – 1 Tabelle – 8° – 1957 – DM 1,–

Heft 4 Dr. VICTOR VÂLCOVICI: Une extension des liaisons non holonomes et des principes variationnels
39 Seiten – 8° – 1958 – DM 2,40

Heft 5 Dr. ROLF KLÖTZLER: Beiträge zur Theorie mehrdimensionaler Variationsprobleme mit geknickten Extremalen
72 Seiten – 8° – 1958 – DM 4,30

Heft 6 Prof. Dr. PAULA HERTWIG: Strahlenschäden und Strahlenschutz im zellulären Bereich
43 Seiten – 14 Abbildungen – 6 Tabellen – 4 Tafeln – 8° – 1957 – DM 2,–

Heft 7 Prof. Dr. WILHELM TREIBS: Entwicklungslinien der organischen Chemie
25 Seiten – 8° – 1957 – DM 1,40

Band 103

Heft 1 Prof. Dr. GEORG SPACKELER: Über die Möglichkeit einer Lieferung von Magnesiumsulfat als Düngemittel seitens des Kalibergbaus der Deutschen Demokratischen Republik/Prof. Dr. ANTON ARLAND: Magnesium im Landbau
38 Seiten — 1 Abbildung — 2 Landkarten — 8° — 1958 — DM 1,90

Heft 2 Prof. Dr. HEINRICH BREDT: Über den Tod. Eine naturwissenschaftliche Betrachtung
26 Seiten — 8° — 1958 — DM 1,10 (vergriffen)

Heft 3 Dr. HANS WUSSING: Über Einbettungen endlicher Gruppen
38 Seiten — 8° — 1958 — DM 2,50

Heft 4 Prof. Dr. ERNST NEEF: Über die Veränderlichkeit unserer geographischen Umwelt
19 Seiten — 8° — 1959 — DM 1,20

Heft 5 Prof. Dr. WOLFGANG LANGENBECK: Zur Biochemie der Spurenmetalle. Mit Diskussionsbeiträgen
16 Seiten — 4 Tabellen — 8° — 1959 — DM 1,—

Heft 6 Prof. Dr. HANS SCHUBERT / Dr. ERICH SCHINCKE: Die Berechnung einer zirkulationslosen Unterschallströmung um den Kreiszylinder mit der Hodographenmethode
42 Seiten — 12 Abbildungen — 4 Tabellen — 8° — 1959 — DM 4,20

Heft 7 Prof. Dr. PAULA HERTWIG: Anpassung, Vererbung und Evolution
35 Seiten — 14 Abbildungen — 8° — 1959 — DM 3,20

Band 104

Heft 1 Prof. Dr. KARL SCHMALFUSS: Über das Ausmaß der biologischen Bindung des elementaren Stickstoffs. Der Einfluß assimilierbarer Stickstoffverbindungen
19 Seiten — 2 Abbildungen — 6 Tabellen — 8° — 1960 — DM 1,35

Heft 2 Prof. Dr. ANTON LISSNER: Charakteristische Eigenschaften der Braunkohlen
20 Seiten — 10 Abbildungen — 3 Tabellen — 8° — 1960 — DM 2,—

Heft 3 Prof. Dr. FRITZ STATHER: Zur Charakteristik pflanzlicher und synthetischer Gerbstoffe und deren kombinierte Verwendung bei der Gerbung
19 Seiten — 8° — 1960 — DM 1,10

Heft 4 Prof. Dr. HEINRICH PRELL: Bemerkungen zur Geschichte der englischen Längenmaßsysteme
In Vorbereitung

Heft 5 Prof. Dr. OTT'HEINRICH KELLER: Zur Berechnung des Galoisschen Körpers und der Galoisschen Gruppe einer Gleichung in erträglich vielen Schritten
23 Seiten — 8° — 1961 — DM 2,—

Heft 6 Dr. ROLF KLÖTZLER: Die Konstruktion geodätischer Felder im Großen in der Variationsrechnung mehrfacher Integrale
84 Seiten — 1 Abbildung — 8° — 1961 — DM 7,—

Heft 7 Prof. Dr. ARTHUR SIMON: Gitteraufbau und Katalyse bei der Gasentschwefelung)
21 Seiten — 12 Abbildungen — 8° — 1961 — DM 2,10

Band 105

Heft 1 Prof. Dr.-Ing. FRITZ OBENAUS: An der Grenze zwischen Hochspannungstechnik und Physik
(In Vorbereitung)

Die Reihe wird fortgesetzt

Bestellungen einzeln oder zur Fortsetzung durch eine Buchhandlung erbeten
Vor 1945 erschienene Berichte antiquarisch durch den Akademie-Verlag, Berlin, zum Teil noch lieferbar

AKADEMIE-VERLAG · BERLIN

Kolibri 360 GmbH
Ferdinand-Jühlke-Straße 7
99095 Erfurt, Deutschland
produktsicherheit@kolibri360.de